THE ARCHITECTURE
OF THE ITALIAN
RENAISSANCE

意大利
文艺复兴建筑

[英]彼得·默里（Peter Murray） 著

戎 筱 译

浙江人民美术出版社 | 艺术世界

献给 M.D.W. 老师和朋友

在第二版中，我重写了一些段落，特别是关于圣彼得大教堂和帕拉迪奥设计的教堂的那些段落。朋友和评论家提出了一些建议，我利用这个机会做了一些更正。出版商还允许我增加了一些插图，我也要感谢迈克尔·惠勒先生 [Mr Michael Wheeler] 在插图上做出的帮助。此外，我也对参考文献做了修改。在第三版中，我做了很多小的修改，对参考文献则做了更大的修改，最后对其进行了更新。因为自从 1963 年本书首次出版后，学界对意大利建筑的兴趣空前增加。

需要说明的是，我在书中一直使用 1425/1430 年和 1425—1430 年这两种形式。前者指"1425 至 1430 年之间的某一时间"，后者指"从 1425 年开始，到 1430 年结束"。

图书在版编目（CIP）数据

意大利文艺复兴建筑 ／（英）彼得·默里著；戎筱
译 .－－ 杭州：浙江人民美术出版社，2018.9
（艺术世界）
ISBN 978-7-5340-6695-5

Ⅰ．①意… Ⅱ．①彼… ②戎… Ⅲ．①建筑艺术－意
大利－中世纪 Ⅳ．①TU-865.46

中国版本图书馆CIP数据核字(2018)第060309号

Published by arrangement with Thames & Hudson Ltd, London,
First published as *The Architecture of the Italian Renaissance* by B. T. Batsford Ltd,
© 1963 Peter Murray.
Enlarged (second edition) published by Thames & Hudson Ltd, London 1969
Revised (third edition) 1986
©1969 and 1986 Peter Murray
This edition first published in China in 2018 by Zhejiang People's Fine Arts Publishing
House, Zhejiang Province
Chinese edition© 2018 Zhejiang People's Fine Arts Publishing House
On the cover: Aerial view of the dome of Florence Cathedral. Photo Scala
合同登记号
图字：11-2016-282号

意大利文艺复兴建筑

著　　者 ［英］彼得·默里
译　　者 戎　筱

策划编辑 李　芳
责任编辑 郭哲渊
文字编辑 姚　露
责任校对 黄　静
责任印制 陈柏荣
出版发行 浙江人民美术出版社
经　　销 全国各地新华书店
制　　版 浙江新华图文制作有限公司
印　　刷 浙江海虹彩色印务有限公司
版　　次 2018年9月第1版·第1次印刷
开　　本 889mm×1270mm　1/32
印　　张 8.375
字　　数 245千字
书　　号 ISBN 978-7-5340-6695-5
定　　价 72.00元

关于次品（如乱页、漏页）等问题请与承印厂联系调换。
严禁未经允许转载、复写复制（复印）。

目　录

1. 罗马，圣彼得大教堂，穹顶（1585—1590）由贾科莫·德拉·波尔塔和多梅尼科·丰塔纳完成

前　言

　　人们大多会被雄伟的哥特式教堂所震惊，在坎特伯雷或者沙特尔漫步，人们往往会感觉到建筑的乐趣是如此真实，如此值得培养。然而，罗马的圣彼得大教堂和伦敦的圣保罗大教堂却不会带给他们同样的感受，有很多人因此认为文艺复兴和巴洛克建筑不适合他们。这种理解上的困难可以很简单地加以解释，因为文艺复兴建筑需要欣赏者具备一定的知识储备，并且愿意接受它的建筑形式。哥特式大教堂所引发的情感中有一些源自于场所而非建筑形式的共鸣，虽然华丽的彩色玻璃窗和雄伟的拱券也深深地加强了历史和信仰的联系。文艺复兴建筑则必须作为建筑来体验，坦诚而言，要理解它并不比理解一首巴赫的赋格曲来得容易（也并不比其困难）。首先，如其名字所言，文艺复兴建筑是一次对古典建筑师的思想和实践的有意识的复兴，事实上更准确地说是对古罗马建筑的复兴，因为古希腊建筑一直要到18世纪之后才为西欧所知晓。一座古罗马或文艺复兴建筑的效果取决于对简单体块的极其细微的调整，两者都以比例的模数制为基础。模数被定义为柱础处柱身直径的二分之一，每座古典建筑都由这一模数控制。有时，直径本身被用作模数。无论使用哪种模数，重要的是比例，而非具体的尺寸。因此，如果一座神庙采用科林斯柱式，而每个柱子直径为2英尺，那么该神庙的模数就是1英尺，柱子的高度将为18至21英尺（适当的变动是被允许的），而柱子和柱头的高度则决定了柱顶楣构［entablature］的高度，从而决定了整座神庙的高度。神庙的长和宽也同样由模数决定，因为模数既确定了柱子本身的尺寸，也在一定范围内确定了柱子之间的距离。因此，一座古典建筑的每个细部都与其他细部相联系。而整座建筑实际上又与人体尺度成比例，因为柱式在古代被认为是对人体的模仿，柱子的高度往往也与人体的高度成比例。除了各部分的联系之外，古典建筑师还追求对称与和谐。比如如果要建造一面开三扇窗的普通的墙，古典建筑师首先会让墙的高度与宽度成比例，然后在其中对称地开窗，并让窗的长方形与墙的形状具备某种合适的关系。从中可以看出，要欣赏这种建筑的多维度的统一性，需要一定的练习；对一双敏锐的眼睛而言，如果把窗开宽了 3 英尺，则会像弹错了音符一样让人难受。

这种建筑在 19 世纪曾一度遭到了一系列道德上的谴责。普金［Pugin］、拉斯金［Ruskin］和其他很多人似乎都认为哥特式教堂才能表现基督教精神，而古典风格的教堂则是试图恢复异教徒形式的尝试。最猛烈的攻击来自于拉斯金，他在《威尼斯的石头》［*The Stones of Venice*］中如此疯狂地写道：

> 首先，让我们把任何与古希腊、古罗马或文艺复兴建筑相关的原则或形式都彻底排除……它们卑贱、不自然、徒劳无益、不令人愉悦、不虔诚。这种形式源自异教徒，其复兴是傲慢和不神圣的，因其古老而难以前进……这种建筑的发明似乎是为了让其建筑师成为抄袭者，让其工匠成为奴隶，让其使用者成为骄奢淫逸之徒［Sybarites］；这种建筑没有思想，没有创造的空间，却赞颂奢华，渲染傲慢……

杰弗里·斯科特［Geoffrey Scott］在最初发表于 1914 年的经典著作《人文主义的建筑》［*The Architecture of Humanism*］中说明了这种试图从道德的视角来看建筑的做法的愚蠢性。可惜的是，虽然斯科特优雅地推翻了一些阻碍人们没有偏见地看待文艺复兴建筑的谬论，但是他自己却陷入了一直潜伏在"人文主义"一词之下的陷阱。这个词在 15 世纪有且只有一个意思：对古希腊和拉丁文学的研究，包括对语言和文学的研究。它本身并没有什么特定的神学立场，其实人文主义者在神学立场上的分歧跟其他群体一样大。不过，意大利人文主义者确实都有同一种热烈的感情，那就是对意大利在罗马时代的荣耀和拉丁语的辉煌的深深怀念。与他们联系紧密的艺术家们自然对古典艺术产生了与他们对拉丁文学的情感相同的情感，不过稍微思考一下就会发现，古典艺术和古罗马文学都不是单一的，因此文艺复兴时期对它们的模仿也有同样多的变化。1519 年呈献给教皇利奥十世的关于古罗马的备忘录 [the Memorandum on Ancient Rome] 中有一段非常著名的话，非常清晰地描述了 16 世纪的人们是如何在尊敬古罗马的同时，又觉得自己能与之媲美：

> 因此，教皇，希望您能增加一些对荣耀的古代母亲、意大利的名望的遗迹的关注，让它们不会彻底消逝。它们曾经见证了神圣的精神，这些精神的记忆至今仍然在创造和鼓励美德……希望您在保留那些留存至今的古代范例时，加快追赶并超越古代的人们，就像您现在正在做的那样……古罗马只有三种建筑风格，从第一届皇帝一直持续到罗马被哥特和其他野蛮人破坏和掠夺的时候……虽然当今的建筑风格非常活泼，非常接近古典风格，伯拉孟特 [Bramante] 的那些精美的建筑就是很好的例子，但是这些建筑的装饰却从来不使用如此贵重的材料……[1]

如果我们把公元 1450 年左右建造的鲁切拉宫 [Palazzo Rucellai]（图 38）与 100 年后朱利欧·罗马诺 [Giulio Romano] 在曼托瓦 [Mantua] 建造的住宅（图 109）相比较，就会发现两座建筑差异很大。同样的，将以伯鲁乃列斯基的天使与殉教者圣母大殿 [Sta Maria degli Angeli] 为代表的集中式 [centrally-planned] 教堂，与伯拉孟特的坦比哀多

[Tempietto]，或者伯鲁乃列斯基的圣灵大教堂[Sto Spirito]和维尼奥拉的耶稣会教堂[Gesù]等更加传统的拉丁十字式教堂相比较，它们的差异也很大。当然，它们都遵循古罗马建筑的基本原则，就像当代作家都效仿西塞罗式的拉丁语一样。但无论是前者还是后者，基督教的遗产都对艺术家的观点产生了极大的影响。换句话说，文艺复兴建筑有不同的宗旨、不同的背景和不同的建造技术。如果没有哥特式石造建筑技术，那佛罗伦萨圣母百花大教堂的穹顶就不会建成。然而，我们不应忘记，古罗马建筑吸引后人模仿的一个重要原因是，它们相比之后的建筑具有明显优势。即使现在，虽然我们早已适应了钢结构和钢筋混凝土所带来的巨大的建筑和技术成就，但站在君士坦丁巴西利卡[the Basilica of Constantine]或万神庙[Pantheon]前，我们仍然会感到非常震撼。在15世纪初，罗马城内满是荒芜的大废墟，长满了植被，在衰败中散发着忧愁；而那些古老的小茅屋则是1000年以来所有的世俗建造活动的代表。人文主义者波焦[Poggio]在1431年左右曾经为当时的罗马写过很长一段悼词：

> 卡比托利欧山曾经是罗马帝国的中心，是全世界的堡垒。在它面前，所有的帝王将相都会颤抖。它曾目睹了那么多帝王胜利的攀登，曾被那么多伟人的礼物和战利品所装饰。这全世界的北极星如今却是一片荒凉的废墟，完全没有了往昔的模样。藤蔓取代了议员的座椅，卡比托利欧广场[the Capitol]变成了粪便和污垢的容器。再看看帕拉蒂尼山[the Palatine]，并责问幸运女神摧毁了尼禄在罗马大火后用掠夺自世界各地的珍宝建造的宫殿，宫殿里曾聚集了罗马帝国的各种财富。树木、湖泊、方尖碑、拱廊、大型雕像、用各种颜色的大理石所建造的圆形剧场，更是为宫殿增添了光彩，所有亲眼见过它的人都会产生敬佩之情。然而，所有这一切现在是如

此的破败，没有一丝往日的痕迹，只剩下了一片荒地。[2]

塞利奥［Serlio］关于罗马古典建筑的书（1540）中引用的无名氏的格言——罗马的废墟恰恰体现了它的伟大［*Roma quanta fuit ipsa ruina docet*］，则更加简洁地表达了这一感伤。撰写建筑专著且作品流传后世的唯一一位古罗马作家维特鲁威在中世纪一直为人所知。波焦于15世纪初在瑞士圣仑修道院［the monastery of St Gall］发现了他的《建筑十书》的手稿。可以肯定的是，从那以后，人们满怀激情开始研究维特鲁威那晦涩和有关专门技术的拉丁著作。之后的建筑师所撰写的建筑著作或多或少都受到了这本书的影响。维特鲁威非常明确地论述了古典建筑的宗旨，而这些宗旨则被之后一代又一代的建筑师在论著中重新提及。只需一些引用就能清晰地说明他们在比例之美、建筑中所追求的和谐、经典样式的再创作等问题上的观点。维特鲁威的定义成为经典：

> 建筑由以下六个要素构成：秩序、布置、匀称、均衡、得体和配给。
>
> （《建筑十书》，第一书，二、建筑的构成，1）[*]
>
> 一座神庙的构成基于均衡，建筑师应精心掌握均衡的基本原理。均衡来源于比例……比例就是建筑中每一构件之间以及与整体之间相互校验的关系，比例体系由此而获得。没有均衡与比例便谈不上神庙的构造体系，除非神庙具有与形体完美的人像相一致的精确体系……同样，神庙的每个构件也要与整个建筑的尺度相称……如果

---

[*] 《建筑十书》的翻译均沿用陈平2012年北京大学出版社的译本——译者注

画一个人平躺下来，四肢伸展构成一个圆，圆心是肚脐，手指与脚尖移动便会与圆周线相重合。无论如何，人体可以呈现出一个圆形，还可以从中看出一个方形……如果我们测量从足底至头顶的尺寸，并将这一尺寸与伸展开的双手的尺寸进行比较，就会发现，高与宽是相等的。

（《建筑十书》，第二书，一、神庙的均衡，1—3）

我将美定义为所有部分的和谐，无论它以什么样的外表出现，它的各部分都应该达成这样的比例和联系，使任何东西的加入都会多余，任何的减少或改变都会让它变糟糕……

（阿尔伯蒂，《建筑论》，第六书，2）

神庙的窗户应该又小又高，从中只能看到天空；这样做的目的，是为了使主持神圣礼仪的司祭和辅祭能够专心致志于虔诚之事，不要有任何分心走神的机会……因此，古代的人们经常避免在入口边设置窗户。

（阿尔伯蒂，《建筑论》，第七书，12）

正如维特鲁威所说，任何一座建筑都需要考虑三点，没有做到这三点，它们就不值得称赞：实用性或商品性、耐久性和美……美来自于美丽的形式，来自整体与部分之间的协调，包括部分之间的协调和部分与整体的协调。这样，建筑将呈现为一个独立的、精心完成的整体，其中所有的构件都相互协调，所有的构件都必须服务于最后的效果……

（帕拉迪奥，《建筑四书》，第一书，1）

　　神庙可以是圆形、正方形、六边形、八边形或者更多边形等趋
向于圆形的形状；也可以是十字形，以及其他那些根据人们不同需
要所选择的形状和图案……但是最美和最规则的形状是圆形和正方
形，其他形状也往往由这两者演化而来，因此维特鲁威只讨论了这
两者……

　　因此，我们在书中看到，古代的人们为了建造神庙，会奉行和
谐 [Decorum]，即建筑最美的组成部分之一。而信奉真正的神灵
的我们，为了在神庙形式中奉行和谐，会选择最完美和优秀的形
式——圆。因为圆本身就非常简洁、统一、平等、有力，并能适用
于各种需要。因此，我们应该把我们的神庙建成圆的……这最能显
示出统一，无限的本质，主的均衡与正义……[3]

　　那些采用十字形式的教堂也值得被赞颂……因为它们向观者展
现了我们的救世主被吊的十字架。这也是我在威尼斯的圣乔治马焦
雷教堂 [the Church of S. Giorgio Maggiore] 的设计中所采用的形
状……

　　在所有颜色中，没有什么比白色更适用于神庙了，因为白色是
如此纯洁，就像生命一样，这最能让我们的主感到愉悦了。如果要
在其中绘画，那不应该出现任何会阻碍人们的心灵沉思神学之事的
画。因为神庙不应该从严肃，或者其他任何当我们看到时会激起我
们的灵魂崇敬和行善的欲望的事物中偏离。

（帕拉迪奥，《建筑四书》，第四书，2）

　　相比古典时期异教徒的神庙而言，世俗的古典建筑的复兴显然要更
为容易。毕竟异教徒的神庙不适合表现基督教的精神，特别是以其引发
的联想而言。因此，与世界任何其他地方相比，我们在意大利更能清晰
地看到古典住宅群落有机地与宫殿融合成一体，以及过去融入现在的迷

人景观。教堂的形式也基本如此，这与异教徒神庙不同。事实上，文艺复兴时期的建筑师们很少认为自己是在复兴古罗马的形式。因为基督教教堂最主要的形式是由君士坦丁大帝在 14 世纪早期所创立的，而对 15 和 16 世纪的人们而言，公元 313 年米兰敕令颁布至 410 年汪达尔人洗劫罗马 [the Sack of Rome by the Vandals] 之间的基督教罗马帝国时期 [Christian Roman Empire] 才是古典艺术的巅峰时期。所以，无论是伯鲁乃列斯基还是伯拉孟特都不会觉得集中式教堂是"非基督教的"[un-Christian]；在他们看来，哥特式的建筑反而是野蛮人的建筑。哥特思想进入意大利的过程是缓慢且滞后的，而这最终会发生，也是由当时的历史情况所决定的。至少文艺复兴时期的人们觉得在试图清除野蛮人那几个世纪的遗物，重新回到宽阔、笔直的"气度非凡的建筑"流派时，他们是在重新找回祖先们的目标和理想。

伟大的法国学者埃米尔·马勒 [Emile Mâle] 用两句话完美地说明了这一点：

> 因此，那些从罗马斗兽场 [the Colosseum] 途经君士坦丁巴西利卡和帕提农神庙来到圣彼得大教堂，或是拜访了西斯廷礼拜堂 [Sistine Chapel] 和拉斐尔展室 [Raphael's Stanze] 最精美的部分的旅行者们，在一日之内看遍了罗马的精华。他们会理解文艺复兴是什么，那就是被冠以基督教信仰的古典。[4]

2

2. 佛罗伦萨圣米尼亚托大殿[S. Miniato]立面, 约1090年

第一章 | 托斯卡纳的罗曼式和哥特式建筑

意大利建筑的历史并非起源于 1300 年，但这本书却从 13 世纪开始，因为总要从某一年开始，也因为意大利哥特式的特点。很多年来，意大利哥特式都被认为是非常过时的风格。毫无疑问，这主要是因为拉斯金对威尼斯哥特式建筑的过度鼓吹。在他的鼓吹下，有太多意大利哥特式的火车站、市政厅在不合适的气候条件下建造起来，现在变得又潮又脏。事实上，意大利哥特式建筑虽然不同于法国、英国或德国哥特式建筑，但是未必比它们低劣。当地的历史和气候造就了这种意大利建筑师在 13 和 14 世纪所采用的风格。不过，需要指出的是，在这一时期，意大利其实是一个抽象的概念。今日作为国家的意大利是 19 世纪晚期的产物。在文艺复兴时期，意大利由许多高度自治的小政权组成，其中较大的有威尼斯、佛罗伦萨、那不勒斯、米兰和以罗马为中心的教皇国等。而这种分散状态也造就了威尼斯和佛罗伦萨艺术之间的巨大差异，两者间的差异至少与同期英格兰和法兰西艺术间的差异相当。

影响意大利各地艺术发展的首要也是最重要的因素是古典风格的遗存。这在罗马和维罗纳等地尤其显著，很多罗马时代的建筑仍然留存至今。在佛罗伦萨等地也是如此，不过这一因素的作用更难解释，共和政体的艺术趣味非常自觉地以罗马共和国为蓝本，这使人们非常倾向于把古典主义作为文明行为——包括建筑——的范式。未曾消失的古典传统当然是所有意大利艺术最根本的特征。但从 13 世纪开始，另外两个因素也开始起作用，它们与古典传统一起共同创造出了意大利哥特式建筑。

其中第一个因素是创始于 13 世纪的方济各会和多明我会等新修会

的发展壮大。两个修会发展迅猛，在 13 世纪末已经有数以千计的信徒。与此前的隐修会［monastic Orders］非常不同，这些修会的信徒并不在修道院中离群索居，而是积极传教。更人性化的新的宗教方式不但是方济各会和多明我会的特征，而且是 13 世纪的最根本的特征之一。它们的日益普及带来了对教堂的需求，更重要的是对新式教堂的需求。能容纳大型集会，让所有人能听清牧师的声音或看清经常上演的宗教剧，则成了教堂设计的主要目标。

　　随着这些新式教堂的建造，另一个因素也开始起作用。当时正是哥特式建筑在意大利以北的国家——特别是法国——发展兴盛之时，可以说，法国哥特式建筑是 13 世纪的现代建筑，法国建筑师的伟大杰作为世界其他地方提供了典范。米兰大教堂最清晰地展现了法国建筑的直接影响。它于 1386 年开始建造，是法国和德国的建筑师以及当地石匠的合作产物。但米兰大教堂不但在意大利是一个个案，而且看上去也不太像一座法国建筑。在一定的程度上，法国哥特风格是从外部强加的，因为西多会［the Cistercian Order］的所有修道院都保持了非常独特的风格。无论是在英国约克郡的野地里，还是在意大利南部，它们都特意模仿该修会最初建立的位于第戎附近的熙笃［Citeaux］的修道院的形式。米兰附近的基亚拉瓦莱修道院［the Abbey of Chiaravalle］建于 1135 年，是这类法国建筑风格在意大利土地上的一个很早的案例。

　　这些外来的思想无疑会与当时存在的意大利罗曼风格产生碰撞。位于佛罗伦萨城外的圣米尼亚托大殿的一个立面（图 2）可以追溯到约 1090 年。在这个立面上，柱子托着的圆拱和三角山花［pediment］等形态特征让人遥想起古典建筑。通过米白色大理石和几乎是黑色的墨绿大理石的对比而形成的着色效果对不同的建筑构件加以强调，却是此类罗曼风格的一个独有的特征，在古典时期则似乎没有类似的处理方式。13 和 14 世纪的人们似乎远远高估了这些建筑的存在时间。比如，佛罗伦萨的圣若望洗礼堂（图13）就被认为是后来被基督教使用的一座古典时期的异教徒神庙。因此，我们或许可以假设：那些主张沿袭传统的人们认为圣米尼亚托大殿、圣若望洗礼堂等建筑是罗马时期的遗迹，所以是比新发明的法国风格更好的模仿典范。

亚西西的圣方济各圣殿［S. Francesco at Assisi］就是这种由不同风格碰撞所形成的风格的一个案例。它于1228年方济各被封为圣人之后不久开始建造。1253年举行祝圣仪式的上教堂［the Upper Church］（圣殿包括上下两座教堂）由一个巨大的中厅［nave］构成，两边不设侧廊［aisle］（图3）。这一巨大的开敞空间上覆盖着一个石拱顶，它的重量则由肋条传递给柱子。与等级相似的法国哥特式教堂不同，它的柱子很短，而柱子之间的间距则很大。同时，由于没有侧廊，圣殿是一个很宽大的开敞空间，而法国哥特式教堂则非常之高，由侧廊分割出的系列空间则强调垂直性。

意大利中部的炎热气候又导致了另一个差异。意大利以北地区的哥特式大教堂之所以让人们印象深刻，是因为它们不但非常之高，而且只通过少量的几根细柱来提供支撑，细柱之间则是很大的窗户。但在亚西西采用这样的窗户显然是不切实际的，因此每根承重柱之间则是很大的墙面。这些墙面很自然地被用来绘画，以作装饰。环绕教堂一圈的那著名的讲述圣方济各一生的28幅壁画不但发挥了墙面的最好的功用，而且非常有效地增强了空间的水平感。这种水平感不但很不法国，而且也非常不哥特。

因此，法国和意大利哥特式建筑的差异从根本上而言来自于每个开间［bay］的形状，也就是说来自于由一个肋拱顶［ribbed vault］、支撑它的四个柱子和地面所定义的空间的宽度、长度和高度关系。典型的法国开间较宽，即在教堂短轴方向的柱间距要大于在长轴方向的柱间距；而亚西西的圣殿开间却接近正方形。

3. 亚西西，圣方济各圣殿，上教堂，1253年举行祝圣仪式

正方形的开间可以说是意大利哥特式建筑的特征之一，而意大利早期西多会的教堂，特别是建于 13 世纪初期的位于意大利南部的卡萨马里 [Casamari] 和福萨诺瓦 [Fossanova] 的两座修道院，则有助于我们研究这种开间形式的演变过程。福萨诺瓦修道院（图 4）非常仔细地模仿了熙笃修道院建立的形式。这一形式是指：拉丁十字平面，内含截面为正方形的歌坛 [choir]、两边的正方形小礼拜堂 [chapel]、正方形的交叉部 [crossing]、由宽度明显大于长度的长方形开间构成的长长的中厅、与这些中厅开间相连的几乎是正方形的侧廊开间。福萨诺瓦修道院的中厅（图 8）从 1187 年开始建造，而整座教堂则于 1208 年举行祝圣仪式。因此，它要稍早于最伟大的法国哥特式教堂之一——兰斯大教堂。兰斯大教堂和福萨诺瓦修道院都由细柱支撑着高耸的石拱顶，而细柱一半嵌在拱廊的墙面内。但两者一个很大的不同在于建筑师对如何支撑宏伟的石拱顶的重量这一基本问题的解决方案。法国哥特式教堂的结构体系是一个优秀的工程杰作。屋顶的重量一部分转化为垂直作用力，由细柱承担；一部分则转化为向外的推力，有一排、甚至两排飞扶壁 [flying buttresses] 承担。这些飞扶壁承担了细柱无法承担的外推力，将之转化为向下的力，传递到侧廊的屋顶上。雄伟的哥特式教堂上方往往耸立着精雕细琢的尖塔 [pinnacles]，它们起到了配重的作用，有效地把拱顶的外推力转换成垂直向下的力。所以，我们不应因它们给教堂轮廓所带来的装饰性效果，忘记了它们更根本的结构功能。然而，意大利的建筑师们却都不愿意用高耸的尖塔来破坏教堂简单的外轮廓。因此，为了在教堂外观上追求庄重的古典主义，他们不得不放弃飞扶壁结构体系的结构优势。这意味着拱顶的重量必须完全由内部的柱子和外部的墙体承担。虽然福萨诺瓦修道院也有对着墙面的扶壁，但它们很小，更像是古典主义的壁柱 [pilaster]，而不像飞扶壁。教堂内部也自然与法国哥特式教堂完全不同。无论是内部还是外部，它都没有力量处于平衡中的感觉，

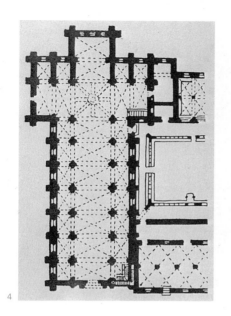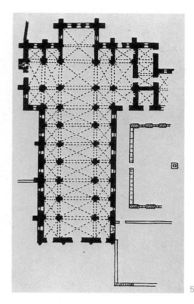

而这正是北部国家最优秀的建筑令人振奋之处。

　　这种经过修改的西多会哥特式建筑形式约在 1218 年通过位于锡耶纳附近的圣加尔加诺［S. Galgano］修道院（图 5）传入托斯卡纳。现已成为废墟的圣加尔加诺修道院似乎是由一位曾在卡萨马里工作过的建筑师设计的，他非常仔细地参照了西多会教堂的形式。其重要性在于是他把这些建筑思想引入了托斯卡纳，而正是在托斯卡纳的佛罗伦萨，第一座真正重要和具有独立性的意大利风格的教堂于 1246 年左右开始建造。这就是非常雄伟的新圣母大殿［Sta Maria Novella］（图 6、9、28）。它是为多明我会所建，其建造费用部分由佛罗伦萨政府资助。教堂各部

意大利哥特式教堂平面

4. 福萨诺瓦修道院，1208年举行祝圣仪式
5. 圣加尔加诺修道院，位于锡耶纳附近，约1218年

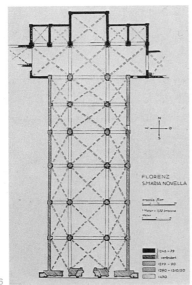
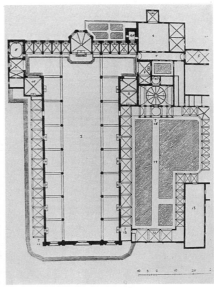

分的确切的建成日期至今仍有争议，但可以确定的是，它的建造时间非常长。它于 1246 年左右开始建造，而它的中厅直到 1279 年才开工；立面于 1310 年才开工，到 1470 年之后才完成。不管怎样，它的内部和平面使它成为这一时期最重要的教堂。它是作为布道兄弟会 [the Order of Preachers]（即多明我会——译者注）新的根据地来建造的，因此在建造时考虑到了一系列需要，包括要在中厅容纳大规模的布道和提供最好的声音效果等。不同于修道院式的教堂，它不需要提供很大的歌坛。不久之后，几个家庭私人资助增建了几个较小的礼拜堂。

　　新圣母大殿采用石拱顶，而非托斯卡纳在这一时期流行的木架结构屋顶 [open timbered roof]。部分是因为石拱顶的效果更为宏伟，部分

6. 佛罗伦萨，新圣母大殿，1246年开始建造
7. 佛罗伦萨，圣十字圣殿，1294/1295年开始建造

是因为它作为法国流行的形式传入，部分是因为它声音效果更好。教堂内部空间非常开阔、宽敞，并给人以水平的印象。设计的主要单元是平面为正方形的中厅开间及其两侧的侧廊开间，侧廊开间的长度要远大于宽度，其宽度大约只有中厅开间的一半。这与福萨诺瓦修道院或圣加尔加诺修道院的类似隧道的效果非常不同。在这两座修道院中，侧廊开间

8. 福萨诺瓦修道院，中厅，1187年

9

为正方形，而中厅开间的宽度则大约是长度的两倍，从而使（在教堂长度方向上的——译者注）柱子显得非常紧凑，充分强调了柱子和拱顶肋条形成的竖向线条，自动地营造出隧道的效果。单纯从举行大型集会这一实用角度而言，新圣母大殿开阔、宽敞的空间显然更有利，因为人们能更清楚地看到牧师和听到他的声音。不过，除了平面不同之外，福萨

9. 佛罗伦萨，新圣母大殿，中厅，1279年开始建造

诺瓦修道院和新圣母大殿还有别的区别。福萨诺瓦修道院那夸张的垂直感还要归因于拱廊的高度要远小于侧天窗层 [clerestory] 的高度。而在新圣母大殿中，两者的高度却基本相等，这使得屋顶的线条看上去显得更接近地面。此外，这两座教堂还有一系列较小的差别。其中有两个与我们的讨论特别相关，即新圣母大殿中柱头和支撑拱廊拱顶的壁柱的种类、白色石膏墙与深灰色塞茵那石 [pietra serena] 对比所形成的色彩效果。与福萨诺瓦修道院相比，新圣母大殿中的柱头和柱子更接近于古典柱式，而采用黑白的色彩元素也是托斯卡纳地区历史悠久的罗曼式手法。

换言之，新圣母大殿代表了法国哥特式结构原则与意大利古典主义平衡与和谐传统的折中。这一新的折中产物放弃了哥特风格最基本的对高度的追求，正如它放弃了法国大教堂那异常精巧的结构体系。尽管如此，新兴的托斯卡纳哥特风格被不少重要的建筑所采用，并延续了将近200年。1250 年佛罗伦萨宪法改革之后，当地大兴土木，部分是因为日益增加的对新教堂的需求。佛罗伦萨的圣十字圣殿 [the church of Sta Croce] 和圣母百花大教堂 [Florence Cathedral] 就是新圣母大殿风格最重要的两个继承者。罗马的神庙遗址圣母堂 [the church of Sta Maria sopra Minerva] 则几乎是对新圣母大殿的直接复制，它也是为多明我会建造的，还是 19 世纪之前罗马唯一一座纯粹的哥特式教堂。

托斯卡纳这些较大型的教堂的作者到底是谁？这是一个很难回答的问题。我们不能确定新圣母大殿的建筑师，据说它是由两个多明我会的托钵修士 [friars] 设计的。此外，人们认为著名的雕塑家尼古拉·皮萨诺 [Nicola Pisano] 至少是一座佛罗伦萨教堂——圣三大殿 [SS. Trinita]——的建筑师，他于 13 世纪 50 年代建造了这座教堂。这一说法有可能是正确的，但其重要性主要在于尼古拉·皮萨诺培养出了新一代艺术家中很重要的两位：他的儿子乔瓦尼·皮萨诺 [Giovanni Pisano] 以及阿尔诺沃·迪卡姆比奥 [Arnolfo di Cambio]。他们都既是建筑师，

10. 佛罗伦萨，圣十字圣殿，中厅，1294/1295年开始建造

也是雕塑家。由于我们很缺乏关于两人的建筑风格的准确信息，所以只能尽量从尼古拉·皮萨诺的风格来推断，并将其与两人的作品相联系。乔瓦尼·皮萨诺设计了锡耶纳大教堂的立面，似乎总体上延续了他父亲的风格，同时也受到了法国风格的较强影响，不过这在他的雕塑作品中体现得更为明显。

阿尔诺沃第一次做建筑师的相关记录出现在 1300 年，作为著名的建造者，他被记载参与了佛罗伦萨圣母百花大教堂的建造。显然，他的名声大到足以让他享受免税的待遇。可惜的是，没过多久（1302 年至 1310 年间）他就去世了，而圣母百花大教堂在 1300 年之后也发生了很大的改变。事实上，主立面建成至今还不到 100 年时间，而且也很难确定教堂现在的样子有哪些是由他设计的。虽然没有相关的记录为证，但是人们普遍认为他还设计了佛罗伦萨另外两座重要的建筑，即被称作巴迪亚 [the Badia] 的修道院式教堂和更重要的圣十字圣殿。巴迪亚教堂建成于 1284 至 1310 年之间，但在 17 世纪被改建。它与圣三大殿有一些相似之处。所以，如果巴迪亚教堂和圣三大殿确实分别是阿尔诺沃和尼古拉·皮萨诺设计的话，人们可以在两座建筑上看出两人的师徒关系。

圣十字圣殿（图 7、10）之所以更加重要，是因为它规模更大，且更雄伟。它是方济各会在佛罗伦萨的主教堂，因此它的建造也有意识地与圣多明我会的新圣母大殿竞争。但在这个问题上，方济各会的成员却陷入分裂。其中一部分人希望遵循最初的教规，坚守清贫之风；而另一部分则希望能超越没有这么多约束的圣多明我会。其实，方济各会得到了非常多的慈善捐款，大部分来自于那些大的商业银行家族，他们确实也有很好的理由需要慈悲之心，以赎高利贷之罪。这也是很多方济各会的教堂中有大量的家族礼拜堂的原因。教堂于 1294 年或 1295 年开工，但施工极其缓慢，祝圣仪式一直到 1442 年才举行。这主要是因为更严格的方济各会成员——守规派 [Observantists] 的反对。与圣母百花大教堂相似，现在看到的立面完全是在 19 世纪建造的。可以确认的是，中厅在 1375 年都还没有建成，而此时阿尔诺沃已经去世很久了，不过他有可能做了一个木模型，后续建造则按照这个模型进行。教堂内部与新圣母大殿风格非常不同。它有两个主要特征，即：采用了木架结构屋顶，中厅和侧廊开间的关系与新圣母大殿不同。木架结构屋顶比石拱顶要轻很多，这意味着支撑屋顶的柱子也可以很轻，而内部也可以保持新圣母大殿那种轻盈感。另一方面，从教堂的平面可以看到，侧廊和中厅的开间都不是正方形的。侧廊的开间较长，而中厅的开间宽度几乎是长度的两倍。换句话说，建筑师似乎回归了西多会式的开间方式。不过，水平的强调依然非常明显，可以说没有人会把圣十字圣殿与其他非佛罗伦萨的教堂相混淆。

风格是人们判断巴迪亚教堂和圣十字圣殿都是由阿尔诺沃设计的依

11

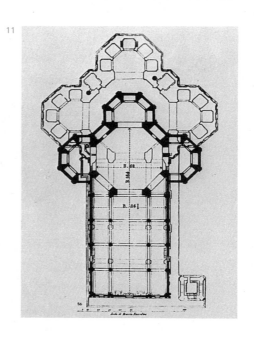

11. 佛罗伦萨，圣母百花大教堂，1294年开始建造，阿尔诺沃和弗朗切斯科·塔伦蒂设计的平面

12. 佛罗伦萨，圣母百花大教堂，中厅

据。而可以确定的是，这两座教堂的一些特征也可以在圣母百花大教堂中看到，虽然有所改动。我们可以因此断言，阿尔诺沃设计了大教堂的基本平面（图 11）。大教堂于 1294 年开始建造，而提到阿尔诺沃的记录写于 1300 年，因此他很有可能从最开始就负责大教堂的设计。大教堂以尽可能雄伟和壮观为目的，其造价也由佛罗伦萨共和国承担。共和国最重要的对手——比萨和锡耶纳都有雄伟的穹顶大教堂。圣母百花大教堂显然一直计划采用石拱顶，且计划将拱顶建得非常之大，以超过比萨和锡耶纳的大教堂。不久之后，锡耶纳试图将其大教堂以更大的规模重建，计划的规模如此之大，现有的教堂虽然已经很壮观了，但规模仍比不上预计建造的新教堂的一个耳堂［transept］。这个过于乐观的计划因为 1348 年黑死病大规模的爆发而陷于停滞。自那以后，锡耶纳就一直没有真正恢复过来。佛罗伦萨对一座令人震惊的大教堂的渴望也差点让他们遭了殃，大教堂的穹顶问题困扰了他们将近一又四分之一个世纪，直到天才的伯鲁乃列斯基找到了解决方案。

于 1351 年成为总建筑师［Capomaestro］的弗朗切斯科·塔伦蒂［Francesco Talenti］对圣母百花大教堂的平面（图 11）进行了很大的修改。但现在普遍的看法是，第 30 页的两个平面中较小的那个是阿尔诺沃设计的，塔伦蒂虽然将其加以扩大，但却没有做实质性的修改。阿尔诺沃也按原设计主持建造了一小部分立面和部分侧墙，并计划在交叉部建造一个穹顶。画家乔托［Giotto］曾在 1334 年被任命为总建筑师，这纯粹是因为他是当时佛罗伦萨最著名的艺术家。由于没有专门的建筑学知识，他仅仅设计了独立于大教堂的钟楼。钟楼像塔楼一样立在立面一旁。事实上，乔托的钟楼并没有完全按照他设计的样子建造，在 14 世纪整座大教堂也经过了一系列的修建。塔伦蒂对主立面做出了不少修改，大教堂在不同时期经历了多次未能完成的重建，最终在 1876 至 1886 年，新哥特式的主立面在埃米利奥·德法布里［Emilio De Fabris］的设计和主持下完成建造。从侧墙上残留的阿尔诺沃最初设计的不同颜色的大理石装饰片段上，我们可以清晰地看出，现在的主立面在很多方面跟最初设计师的设计目标相差不远。

现在的平面由四个很大的中厅开间和两边的侧廊开间构成。侧廊开间的宽度是中厅开间的一半，而中庭开间则与圣十字圣殿的非常相似，比正方形略宽（比较图 7 与图 11）。两座教堂主要的差别在于：圣母百花大教堂由于采用了石拱顶（图 12），因此需要用非常坚实的柱子支撑；圣十字圣殿采用的木屋顶（图 10）则不需要如此坚实的支撑。两座教堂的东端非常不同：大教堂在东端扩大为一个八边形，其中三边又连有半圆形拱 [triconch] 形状的大型后殿 [tribune]。教堂内部空间形成这样一种整体效果：这是一座八边形的集中式教堂，其他所有的空间都是从这个八边形空间延伸出去的，而中厅只是其中之一。教堂的内部可与圣十字圣殿或新圣母大殿相媲美。那宽敞的空间、古典柱式的壁柱、强调水平的层拱 [string-course] 共同创造出完全不同于它遥远的祖先——法国哥特式教堂的空间效果。它也因此被视作托斯卡纳地区特有的建筑传统的最高峰。此外教堂的外部则明显采用了托斯卡纳地区的罗曼式风格，特别是使用不同色彩的大理石镶嵌的做法和在交叉部采用由穹顶覆盖的八边形（图 13）。在后一点上，大教堂与就在几米外的圣若望洗礼堂 [the Baptistry of Florence] 有着明显的联系。圣若望洗礼堂具体的建造时间很难确定（可能在公元 8 世纪）。但我们通过当代文献知道，它曾被普遍认为是战神玛尔斯 [Mars] 的神庙，于 14 世纪被改为基督教所用。

我们并不知道阿尔诺沃所计划的拱顶有没有鼓座 [drum]，我们也无法知道阿尔诺沃或塔伦蒂到底有没有认真思考过这么大的跨度所带来的问题。到了 14 世纪末，人们开始认识到，需要想办法解决这个问题，而很多建筑师也不得不尝试发明一种方法，来给跨度近 140 英尺（约 42.67 米）的空间加顶。我们从新圣母大殿的西班牙礼拜堂 [Spanish

13

Chapel] 的壁画中知道，至少有一个非官方的项目在1367年左右展开，该设计为一个没有鼓座的略尖的穹顶。但穹顶建造真正取得实质性的进展则要等到这一问题变得真的很紧迫，即15世纪早期。

这一章主要探讨了意大利哥特式风格与即将从它发展出来的新风格之间的关系：我们并未涉及威尼斯和伦巴第大区 [Lombardy] 精美的哥特式建筑，这是因为它们与文艺复兴建筑的历史几乎毫不相关。

13. 佛罗伦萨, 圣母百花大教堂和圣若望洗礼堂

第二章 ｜ 伯鲁乃列斯基

菲利波·伯鲁乃列斯基 [Filippo Brunelleschi] 生于 1377 年，死于 1446 年。与 15 世纪早期很多艺术家一样，他原本是一名金匠，曾于 1404 年加入了佛罗伦萨的金匠行会。但早在这之前他就开始作为一名雕塑家进行创作，因为他参加了 1401 年举行的圣若望洗礼堂新大门的竞赛。吉贝尔蒂 [Ghiberti] 是这个竞赛最终的胜出者。据说，伯鲁乃列斯基在知道没能赢得竞赛后，立马与雕塑家多那太罗 [Donatello] 去了罗马。这个可能性是很大的。伯鲁乃列斯基和多那太罗私交甚笃，他俩与画家马萨乔 [Masaccio] 三人是当时绘画、雕塑和建筑最先锋的代表。伯鲁乃列斯基的几次罗马之行意义重大，因为对罗马遗迹的建造原则的仔细学习无疑帮助他发明了建造圣母百花大教堂这么大规模的穹顶的方法。这一成就也让他的名字在佛罗伦萨永远不会被忘记。

伯鲁乃列斯基经常被封为建筑界"文艺复兴风格"的开创者，这一说法当然不是完全准确的。但毫无疑问的是，他的确是理解古典建筑的结构体系并将其原则适应于现代需要的第一人。他的穹顶最重要的意义或许在于，除了他之外，15 世纪的任何其他人都无法完成这项工程杰作。但它并不是一个考古学意义上的古典主义作品，也不是让阿尔伯蒂在几年之后理解古罗马建筑的古典主义作品。

伯鲁乃列斯基在 1404 年就接到关于圣母百花大教堂的首次咨询，但这只是例行公事罢了。但在那时，人们已经认识到要给大教堂的交叉部加顶绝非易事。而佛罗伦萨人显然非常焦虑，一方面希望能通过树立一座直径达 138.5 英尺（约 42.2 米）的穹顶来展现自身的文化优越性，另一方面他们也明白这个工程的难度，以及一旦失败他们将被比萨人、锡耶纳人、卢凯西人 [Lucchesi] 和几英里内各个城镇的人民嘲讽。他们的焦虑也不难理解。穹顶无非是由拱券围绕拱轴旋转而成，而所有的拱券都需要在叫作模架 [centering] 的木质框架上建造。首先要在拱券底部的墙上架起一根横跨穹顶开口的水平木梁。然后在这根横梁上建造木模架，木模架可以是半球形的，也可以是尖拱形的。木模架将支撑构成拱券的砖块或石块，直到放置好拱券中间的拱心石 [keystone]。拱心石为楔形，这让拱券中的石块在拱券建好、模架拆除后能够通过互相按压而保持稳定。石块之间的砂浆并不是必不可少的，因为楔形的石块其实是靠重力维持在各自的位置上。从中可以看出，制约拱券大小的唯一因素是用于建造模架的木材的尺寸和强度。

由于圣母百花大教堂的八边形鼓座在 1412 或 1413 年就建造完毕，不但跨度近 140 英尺，而且离地约 180 英尺（约 54.86 米），因此要建造强度足以支撑穹顶的木模架是不可能的（图 14）。事实上，不但无法找到长度足够横跨鼓座的树木，而且即使有这么高的树，在没有放置石材之前，木材就会因为自身的强度而坍塌。估计因为这个原因，每一任的总建筑师都把精力集中在穹顶以外的部分。即使在 16 世纪的人们眼中，伯鲁乃列斯基的杰作仍然散发出神秘的光环。瓦萨里 [Vasari] 在1550 年撰写的伯鲁乃列斯基的生平中写道，当时有人严肃地建议将后殿填满土，然后在土上建造穹顶。该建议还提出，应该在土中混有硬币，这样佛罗伦萨的孩子们就会为了挖钱来把土挖走。

1418 年，监工 [Operai] 宣布举办一场公共竞赛。但我们知道，伯鲁乃列斯基在此之前就开始制作模型，很有可能用的就是石材。在1417 年，他已经凭图纸拿到报酬，还制作了一个木制模型。在圣若望洗礼堂大门竞赛中战胜伯鲁乃列斯基的吉贝尔蒂也受邀参加竞赛，并提交了一个模型。1420 年，伯鲁乃列斯基、吉贝尔蒂和一个石匠被任命为管理者，来负责穹顶的建造。

穹顶于 1420 年 8 月 7 日开始建造，穹顶主体的最后部分采光亭[lantern] 基座于 1436 年 8 月 1 日完成建造。在建造前，伯鲁乃列斯基已经建造了两座规模较小的穹顶，作为大致的试验。虽然两座小穹顶都没有留存至今，但我们知道它们非常小，为半球形，以肋条为支撑。吉贝尔蒂和伯鲁乃列斯基两人显然相处得不太好，之后也有故事说伯鲁乃列斯基在所有关键的时候都会佯装生病，想借此暴露吉贝尔蒂的无能。吉贝尔蒂则在自传中说，他花了 18 年来建造穹顶，并含蓄地说自己应有一半的功劳。吉贝尔蒂在穹顶建造早期的功绩很有可能被后世所低估，但可以确定的是，1420 年之后，穹顶的建造和新机械的发明都是伯鲁乃列斯基一个人的成果。1423 年的一份文件把伯鲁乃列斯基称作"发明家和管理者"。我们也知道，吉贝尔蒂于 1425 年被解聘，这恰恰是建造开始变得异常困难的时期。不过，我们也不该忘记，吉贝尔蒂在 1425 年接到一项很重要的委托，即建造圣若望洗礼堂的第二座大门，而这无疑是一项需要全身心投入的工作。

建造需要解决两个主要问题：首先，任何传统种类的模架都不适用；其次，更糟糕的是，八边形空间上已经建有鼓座。由于鼓座没有外接的拱座 [abutment]，建在其上的穹顶必须尽可能减少外推力。对哥特式建筑而言，这几乎不是问题，因为外推力可以由位于八边形角部的飞扶壁来支撑。但这在佛罗伦萨是不可能的，因为飞扶壁在视觉上无法被佛罗伦萨人所接受，而且圣母百花大教堂中也没有给建造飞扶壁留有空间。这是促使大教堂最终采用尖穹顶形式结构的原因。伯鲁乃列斯基与其他所有倾心于古典主义的建筑师一样，原本希望采用半球形的穹顶，因为它不但形状完美，而且为所有伟大的古罗马穹顶，特别是万神庙的穹顶，所采用。但拱座问题却让圣母百花大教堂不得不采用尖穹顶，因为尖穹顶所产生的外推力要远远小于半球形肋穹顶。虽然像万神庙那样的实心混凝土穹顶不会产生任何外推力，但其自重会把现有鼓座压垮。

因此，唯一的解决方案就是建造切面顶部为尖角的、由肋条支撑、之间采用最轻质的填充物的穹顶。无论从哪个角度而言，伯鲁乃列斯基的方案都是一个天才之作。轴测图⁵清楚地解释了穹顶是如何建造的。八根主肋 [major rib] 从八边形鼓座的角部向上延伸，每两根主肋之间设有两根间肋 [minor rib]，即共有十六根间肋（几乎可以肯定该方案受到了圣若望洗礼堂的启发，因为洗礼堂为八边形，其穹顶就是由八根主肋、十六根间肋支撑）。肋架的最后一部分——水平拱 [horizontal arch] 将主肋和间肋联结起来，并吸收侧向外推力。穹顶采用由外壳和内壳构成的双壳结构，用伯鲁乃列斯基自己的话说，其目的是防潮和使穹顶更壮观。这也是目前所知的第一个采用双壳结构的穹顶。当然，双壳结构也可以显著减少穹顶的自重。可以在外部清晰地看到八根主肋，而十六根间肋则只能在两个壳体之间的空间内看到，两个壳体之间还设有一个通向采光亭基座的通道。

到 1425 年，穹顶已经建造了三分之一的高度。随着穹顶的曲线开始在这里迅速内收，没有模架所带来的问题也开始变得格外显著。伯鲁乃列斯基在工程开始建造前向建造委员会提交了一份很长的备忘录，他在其中指出在这样的项目中只有通过实践才能知道什么是必要的，从而为自己保留了修改和决定权。在建造过程中，他只做出了一个主要的修改，即在穹顶上部用质量更轻的砖来替代石材。除此之外，他凭借准确且丰富的想象力发明了一系列新型机械设备，如起重机、处理石块的机器等。据说，他还在高处布置了一个完整的餐厅，从而节约了工人从穹顶上爬下来就餐的时间。

看似无法解决的模架问题最终是这样解决的：通过横向砖石圈层自下而上地建造穹顶，各圈层间的黏合方式使得每圈层既能支撑自重，又能在下一圈层完成建造前为其提供支撑；下一圈层完成后它又能为再下一层提供支撑。可以看到砖石层呈一定的人字形纹样。毫无疑问，伯鲁

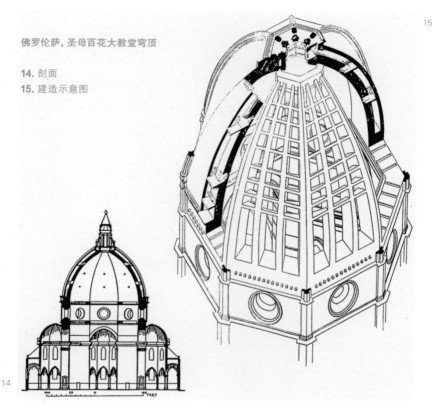

佛罗伦萨，圣母百花大教堂穹顶

14. 剖面
15. 建造示意图

乃列斯基是在多次的古罗马之旅中，从古罗马遗迹中学到了这种建造方式。佛罗伦萨乌菲齐［Uffizi］美术馆藏有一幅很晚之后才出现的图纸，上面就绘制了一个由人字形砖石层构成的穹顶，一旁的注释写道"佛罗伦萨人如何在没有模架的情况下建造穹顶"。这也再次说明，近千年来似乎没有人真正理解甚至尝试去理解巨大的古罗马拱顶和穹顶到底是如何建造的，而伯鲁乃列斯基一定是通过在古罗马遗迹中徜徉、问自己各种当时的人们想都不会想到的问题，才解开了这个谜题。

　　在完成建造的穹顶中，肋条在顶部汇聚到一个直径约 20 英尺（约 6.096 米）的环，中间为开口。有意思的是，虽然需要尽可能减少穹顶的重量，但各肋条由于有向拱腋后坐的趋势，对大环施加外拉的力。为了防止大环因拉力崩塌，大环上部需要设置采光亭，起到塞子的作用，而且采光亭需要有较大的重量。这也是采光亭之所以是现在这个体量和装饰程度的原因。采光亭设计竞赛于 1436 年举行，伯鲁乃列斯基不出意外地赢得了竞赛。我们知道他曾为自己的设计做了一个完整的模型，而这很有可能就是现藏于大教堂博物馆的那个。但直到 1446 年，伯鲁乃列斯基去世前几个月，采光亭才真正开始建造。不过此后的建造委托给了他的朋友和追随者米开罗佐 [Michelozzo] 进行，可以说现存的采光亭是完全按照伯鲁乃列斯基的设计建造的。穹顶哥特式的肋条很精巧地由支撑采光亭主体的飞扶壁相连。飞扶壁可以说是把古典主义的支架

16. 佛罗伦萨，育婴堂，立面，1419—1424年

［console］颠倒过来，从而将肋条连接到了八边形的采光亭上。正如人们所预料的，采光亭在整体的外观上非常古典主义，而街对面的圣若望洗礼堂（图 13）则为其提供了一种原型。作为最后的装饰，伯鲁乃列斯基于 1439 年至 1445 年间在鼓座下建造了半圆形对话室［exedrae］。这些也反映了他从 15 世纪 30 年代开始的风格转变。这一转变只有在不像圣母百花大教堂受到那么多现有结构和设计问题限制的建筑中才能清晰地看到。毫无疑问，伯鲁乃列斯基并不喜欢穹顶展现出的哥特气质，但却不得不接受它，因为这是穹顶静力学问题唯一的解决方案。

　　伯鲁乃列斯基的建筑原则的第一次表达，或者说他的第一座真正的文艺复兴建筑，则是 1419 年至 1424 年间建造的佛罗伦萨育婴堂［Foundling Hospital］，或称孤儿院［Spedale degli Innocenti］（图 16）。这也是全世界第一家育婴堂，由伯鲁乃列斯基所在的丝绸制造商和金匠行会出资建造。从建筑的角度而言，育婴堂的外拱廊［loggia］是这座建筑最重要的部分，因为由于伯鲁乃列斯基在 1425 年忙于建造圣母百花大教堂的穹顶，育婴堂本身是由伯鲁乃列斯基的弟子建造的。位于拉斯特拉阿西尼亚［Lastra a Signa］的一座建于 1411 年的医院是这种有外拱廊的医院建筑的原型。粗看上去，它与育婴堂似乎没有什么差别。但仔细观察育婴堂的拱券、拱顶和细部，我们就可以看到早期文艺复兴风格既深深植根于托斯卡纳的罗曼式建筑，同时又含有从古典主义中演变而来的一些新元素。拱廊由一系列圆拱［round arch］、其上的水平构件以及由拱廊的柱子和医院外墙上的枕梁［corbel］支撑的小拱顶构成。拱顶开间平面为正方形，采取的是简单的古典形式，而非十字拱。拱券的轮廓——拱顶的内剖面是平滑的，而不是哥特拱券的三角形。这是因为拱券为拱门饰［archivolt］，换言之，它们是通过将古典主义的柱顶楣构向上弯曲而形成的半圆形拱券。柱子、柱头和枕梁也都采用古典形式，不过柱头和拱顶底部之间设有柱顶石［dosseret］。柱顶石其实是拜占庭式，而非古罗马的形式，但却出现在佛罗伦萨的圣使徒教堂［SS. Apostoli］等托斯卡纳罗曼式教堂中。在其职业生涯的这一时期，伯鲁乃列斯基很有可能把建于 10 世纪的圣使徒教堂当作基督教早期（即 4 或 5 世纪）的建筑。因为他要到很久之后才开始对更纯粹的古典主义形式和几个世纪之后的形式加以区分。非古典主义样式的使用在育婴堂中以一种非常特殊的形式得以体现。圆拱上是一个很长的柱顶楣构，柱顶楣构在建筑两端由大型壁柱支撑。而在建筑的最端头，楣梁［architrave］突然垂直向下，这与古典主义建筑在端部的处理方式完全不同，但同样的特征可以在佛罗伦萨的圣若望洗礼堂中看到。因此可以确定，被现代史学家认为是于公元 4 世纪至 14 世纪之间建造的圣若望洗礼堂，曾被这一时期的伯鲁乃列斯基认为是与古罗马遗迹一样伟大的建筑典范。育婴堂的拱廊和圣龛窗［tabernacle windows］也是从圣若望洗礼堂中发展演化而来的。

伯鲁乃列斯基的朋友马萨乔和多那太罗的作品反映出对他的建筑创新的思考。马萨乔的圣三位一体［the Holy Trinity］的壁画估计在 1425 年 11 月之前就完成了，多那太罗和米开罗佐的圣弥额尔教堂［the church of Orsanmichele］的壁龛则建于 1422 年至 1425 年之间：两个作品都比育婴堂感觉更古典，但如果没有育婴堂，这两个作品也不会存在。

伯鲁乃列斯基在佛罗伦萨建造了两座大型巴西利卡式的教堂，虽然它们都在他去世之后才完工，但都反映出了他晚期的风格发展，并且都成为拉丁十字平面的范式。两座教堂中较早的是圣洛伦佐教堂［S. Lorenzo］——美第奇［Medici］家族的教区教堂［the parish church］（图 19、20）。它于 1419 年开始建造，计划是将一座很老的教堂原地重建。由于这本是一座修道院，所以重建的教堂中需要设置很多礼拜堂。因此伯鲁乃列斯基将 13 世纪末叶由圣十字圣殿创建的形式加以修改。教堂平面的基本形状是一个拉丁十字，其中交叉部、歌坛均为正方形，两边的礼拜堂则为更小的正方形。如果把圣十字圣殿（图 7）与圣洛伦佐教堂（图 20）相比较，则可以看出这种平面在建筑上的弱点。在较早建造的圣十字圣殿中，从西向东给人以明显增强的方向感，但中厅和两边的侧廊这三条重要的轴线却终止于东端一堆小礼拜堂。由于小礼拜堂与中厅之间不存在清晰的比例关系，这三条轴线给人以有始无终的感觉。小礼拜堂的数目由生活在修道院中的修道士［monk］的数量决定，因此小礼拜堂的规模往往很小。为了解决这个难题，伯鲁乃列斯基在圣洛伦佐教堂中把礼拜堂设置在耳堂的周围。通过合理的布局，他不但在东端获得了跟圣十字圣殿数量相同的礼拜堂（总共 10 个），而且每个礼拜堂都与歌坛、中厅和侧廊具有一定的比例关系。这也让伯鲁乃列斯基在佛罗伦萨的两座教堂成为比例平面［proportional planning］的典型，因为它们都采用既有的平面类型，并使其符合一定的数学规律。其中最基本的单元是交叉部的正方形。耳堂和歌坛就直接采用这一正方形，中厅的长度为正方形边长的 4 倍；侧廊开间则为长方形，宽边长度恰好为主要正方形开间的一半。在圣洛伦佐教堂中，站在侧廊的人们通过耳堂可以望见礼拜堂开间，而礼拜堂与中厅和侧廊又具有一定的尺寸关系，因此它的整体效果要比圣十字圣殿更为和谐。为了能布置下十个规模相对较大的礼拜堂，伯鲁乃列斯基不得不把它们安排在耳堂的末端和两边，但这却会在耳堂的角部留下尴尬的缝隙。他成功地通过布置新、旧两个圣器室［sacristy］填补了这一缝隙。新圣器室虽然在伯鲁乃列斯基的方案之中，却要到 100 多年后才得以建造。旧圣器室（图 17、18）在 1419 年教堂重建的第一版平面刚出来时，就开始建造。由于得到了一个美第奇家族成员的资助，它在 1421 年 8 月（立下奠基石）至 1428 年之间迅速完成建造。人们普遍认为，多那太罗的雕塑装饰完成于很久之后，有可能是 15 世纪 30 年代中期。由于圣器室是教堂中最早完成的部分，它可以作为独立的建筑来理解。从某种意义上而言，它是文艺复兴时期第一座集中式的建筑,但这一说法只在很笼统的层面上才是正确的。圣器室平面为正方形,但更重要的是,它的墙高与正方形平面的边长相等,也就是说整个建筑是一个完美的正立方体。在其中一边,墙被分为三部分,正中的那部分被打开,成为小圣坛室 [altar-room] 的入口。小圣坛室也采用正方形平面,并与主圣器室一样由半球形穹顶覆盖。换言之,旧圣器室由两个互相关联的立方体建筑体块组成。虽然其中较小的体块并非正立方体,但它的高度是由主圣器室决定的。建筑的几何感在其他很多方面得以体现。从剖面上看,墙面还被水平分成三个相等的部分,其中较低的两个部分由柱顶楣构分隔,正好是正方形墙面的一半。由于圣器室的穹顶在内部为半球形,其半径必定是墙宽的一半,这使墙面三个相等部分清晰可见。与礼拜堂的平面布局一样,这一非常简单的算术比例是整个设计的精髓。在此之上的复杂的透视效果,则部分是伯鲁乃列斯基、部分想必是多那太罗的成果。这是因为,支撑穹顶的是由帆拱 [pendentive]——从墙面角部向内倾斜的球面三角形,它将正方形平面在穹顶起券处 [springing] 转换为圆形。帆拱首次得到了充分的使用是在拜占庭建筑中,君士坦丁堡的圣索菲亚大教堂就是其中一个最伟大的例子。但伯鲁乃列斯基并没有见过这些案例,因此他一定是通过对罗马废墟的研究,自己想出了这一结构体系[6]。帆拱向内弯曲的表面则被多那太罗纳于他的装饰体系,因为伯鲁乃列斯基用来装饰这一表面的圆盘 [roundel] 被当作炮眼 [porthole] 处理,使人们透过它们看到透视非常鲜明的画面。伯鲁乃列斯基的装饰还包括壁柱、由壁柱支撑的装饰丰富的柱顶楣构,风格与他在育婴堂外拱廊所使用的经过修改的古罗马风格相似。圆形和半圆形与设计的基本元素成比例。

伯鲁乃列斯基在将这些古典形式用于根据数学计算所设计的空间时,遇到了一定的困难。比如在墙角,凸角的两根壁柱只能缩减为对顶凹角的两根不完整的细条,因为没有足够的空间容纳完整的壁柱(图

17）。同样的，他不得不用一根壁柱包住建筑转角，或者在无法设置壁柱的地方用枕梁来支撑较长的柱顶楣构。类似的实验性做法还可以在穹顶上看到。穹顶的外部截面（图 18）与圣若望洗礼堂的采光亭相似，因为它由一个较高的鼓座和其上的锥形瓦顶构成。但其内部却是真正的古典主义半球形，虽然它跟圣母百花大教堂一样是由肋条支撑的。这种穹顶类型因为非常显而易见的原因，被称作伞形穹顶［umbrella dome］。伯鲁乃列斯基一直采用这种穹顶类型，到 16 世纪，他的大部分追随者依然如此。穹顶通过天窗采光。天窗在建筑外部看位于鼓座上，而在建筑内部看位于肋条之间的楔形底部。

虽然教堂其他部分的设计估计在 1419 年左右就完成了，但教堂的建造却在 1442 年左右才重新开始，到 1446 年才完成，此时距伯鲁乃列斯基去世已经很久了。15 世纪 40 年代早期，教堂在进行修建时，做出了一个很大的变动。出于对更多礼拜堂的需要，侧廊的外墙被凿开，侧廊向南和向北拓宽。拓宽的空间平面为长方形，开间正好是侧廊正方形开间的一半，而侧廊正方形开间则是交叉部正方形开间单元的一半。打开侧廊外墙进一步加强了空间的透视效果。站在中厅中间的人们视线不但可以穿过主柱廊，还可以穿过礼拜堂的圆拱拱门，直到礼拜堂的外墙，这使人们能够把这一系列大小递减的开孔理解为相关联的形状序列。除平面之外，教堂的基本类型与圣十字圣殿在剖面上也颇为相似。中厅采用高于侧廊的平屋顶，而圣洛伦佐教堂的侧廊则采用简单的圆顶。这种基本类型是早期基督教巴西利卡［Early Christian basilica］的一种，而伯鲁乃列斯基采用的柱头与佛罗伦萨圣使徒教堂等罗曼式教堂中的形式相似则绝非偶然。伯鲁乃列斯基再次在圣洛伦佐教堂的比例问题上遇到了困难。这些难题并没有出现在此后建造的圣灵大教堂［the church of Sto Spirito］中，因为虽然是同一类型，但后者的平面（图 25）设计得更加严丝合缝。中厅拱廊柱头上

17   18

柱顶石的使用就是为了解决其中一个难题。由于侧廊的圆顶式拱顶在一侧是由壁柱、而在另一侧是由中厅的柱子所支撑，壁柱和柱子必须高度相等。但由于礼拜堂的入口处地面有抬高，壁柱的地面要高于柱子，因此柱子顶端与拱顶下端之间留有一定的空间。如果是 16 世纪的建筑师，他一定会把柱础抬高，但伯鲁乃列斯基可能是遵循古罗马和拜占庭的原型，用柱顶石填补了这个空间，就像他在育婴堂的外拱廊所做的那样。

圣灵大教堂不但给圣洛伦佐教堂中遇到的一些问题提供了新的更好的解答，而且与圣洛伦佐教堂有着纯粹的风格差异。这些差异似乎可以追溯到伯鲁乃列斯基从 15 世纪 30 年代中期开始的风格改变，也很有可能与他再次前往罗马有关。他最著名的作品之一是与圣十字圣殿相连的修道院会议厅［Chapter House］，这座位于修道院中的小建筑通常被称

19

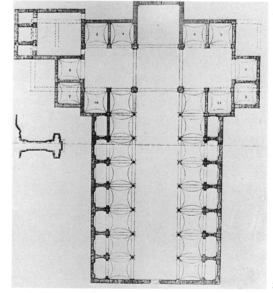

佛罗伦萨，圣洛伦佐教堂，
伯鲁乃列斯基，1419年开始
建造

17、18. 旧圣器室的室内和
剖面

19. 中厅

20. 平面

20

作巴齐礼拜堂 [Pazzi Chapel]（图 21—23）。它曾在很长一段时间里被认为是伯鲁乃列斯基的第一个作品，但这是瓦萨里的错误解释造成的。其实，它是 15 世纪 30 年代伯鲁乃列斯基快要开始风格转变时的过渡作品。最早提到这座礼拜堂的文件出现在 1429 年，一份合同于 1429/1430 年拟定，促使平面在 1430 年或 1433 年完成。礼拜堂直到 40 年后才完成建造，其外观并没有遵循伯鲁乃列斯基的设想。平面是旧圣器室的复杂版：中间为正方形，其上由穹顶覆盖，一侧打开，连有更小的正方形歌坛。巴齐礼拜堂的平面之所以更为复杂，是因为正方形的歌坛与另一侧的正方形门厅 [vestibule] 相平衡，而门厅又在两边延伸，从而与中心空间两侧的扩建部分或"耳堂"相匹配。就这样，主要正方形的四边都有所改动，但每个部分都与最初的单元保持一定的数学关系。礼拜堂给人的空间感受远比旧圣器室复杂，因为入口门厅采用一个厚重的筒形拱，正中的空间由碟形穹顶覆盖。这是礼拜堂的入口，礼拜堂内部则由一个大型肋穹顶所覆盖。主礼拜堂两侧也都有扩建部分，其上由筒形拱覆盖，与入口门厅的相应部分平行。最后，歌坛的空间位于主空间之后，再次重复了较小的入口穹顶。装饰的处理，比如伯鲁乃列斯基创作的雕塑，也展现了他的古罗马建筑风格的实验性手法，以及他对采用佛罗伦萨传统的色彩效果的渴望。转角仍然会带来很大的麻烦，包括不完整的壁柱和包住转角的壁柱。虽然要复杂得多，但该建筑的风格与旧圣器室非常相近。建筑的立面让人产生疑问。立面的大部分在细部和比例感上都显得纤弱，但其下部却由支撑门厅内部筒形拱的华丽的粗柱构成。这给人一种非常厚重和古典主义的感觉——特别是跟育婴堂外拱廊开敞、通透的特点相比。我们现在知道，主立面和门廊分别是 1459 年和 1461 年建造的，当时伯鲁乃列斯基已经去世了。立面下部可能代表了他晚年的风格。这种古罗马的特征在他晚年的作品中经常能看到，这很有可能是因为他再次拜访了古典遗迹。

21

佛罗伦萨，圣十字圣殿，巴齐礼拜堂，
伯鲁乃列斯基，1430年或之后

21. 室内
22. 剖面
23. 平面

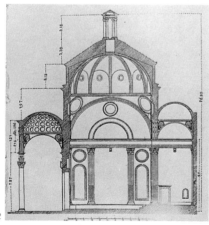

22

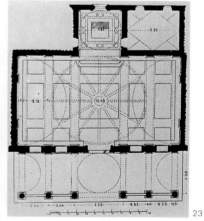

23

目前并没有证据证明 1432 年 12 月至 1434 年 7 月期间伯鲁乃列斯基在佛罗伦萨收到付款。我们知道，多那太罗在 1432/1433 年间住在罗马，瓦萨里认为多那太罗和伯鲁乃列斯基可能一起前往罗马，在那儿住了一段时间，以寻找古罗马遗迹。这一假设也在佛罗伦萨的天神之后堂 [Sta Maria degli Angeli]（图 24）等作品的风格中得到印证。它于 1434 年开始建造，在 1437 年尚未建成时就中止建造。它的平面是 15 世纪首个真正的集中式平面，是由罗马的密涅瓦神庙 [Temple of 'Minerva Medica'] 直接演化而来。它的正中是上由穹顶覆盖着的正八边形——这也是圣母百花大教堂的穹顶形状，周边为一圈从各侧边进入的礼拜堂。这座建筑的设计原理与旧圣器室和巴齐礼拜堂等早期作品完全不同。在处理建筑形态时，建筑作为一个处于空气之中的可雕塑的实体来考量；而在此前的作品中，建筑被理解为相互之间存在几何关系的多个平面，但整体的可塑性却较少被考虑。而按照我们能还原的情况来看，建筑穹顶的古典主义特征非常鲜明，是基于万神庙所代表的类型设计的，与伯

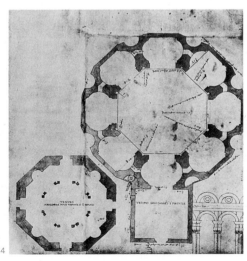

24

24. 佛罗伦萨，天神之后堂，约 1434 年的平面图，由伯鲁乃列斯基的继任者朱利诺·达·桑加罗所作

鲁乃列斯基早期的肋穹顶非常不同。由于这座建筑是在之前所提到的可能的罗马之行后不久建造的，它似乎也为新一轮的古典主义影响在风格上提供了有力的证据。而伯鲁乃列斯基晚期的风格可以在他所有 1434年之后的作品中看到，包括圣母百花大教堂的采光亭、半圆形对话室和圣灵大教堂。

圣灵大教堂（图 25、26）与圣洛伦佐教堂非常相似，而两者共同构成了伯鲁乃列斯基风格的典范。不过，圣灵大教堂与圣洛伦佐教堂在一些方面有所不同，展现了伯鲁乃列斯基最晚期和最成熟的古典主义风格。它位于阿诺河南岸一片相对较穷的区域，其所在的位置大约从1250 年以来就建有一座教堂。伯鲁乃列斯基的重建方案于 1434 年获得项目委员会的批准，在筹集到一定的建造资金后于 1436 年立下奠基石。然而，建造开展得非常缓慢，在十年后伯鲁乃列斯基去世时，只建成了第一根柱子。直到 1482 年，在经历了很长时间的争论后，教堂才完成建造。这场争论也导致了教堂的最终建造与原设计相比有所变动。我们主要是从作者不详的《伯鲁乃列斯基传》[Life of Brunelleschi] 一书中了解到这些变动，这本书也是我们了解他的职业生涯的主要文献。目前可以识别出的变动包括：西端原本应有四扇大门，但现在只有三扇；环绕教堂东端一周的由圆顶覆盖的侧廊开间原本应一直延续到西墙之后，使每扇大门都开向一个小的正方形开间；教堂的外墙原本应采用非常特殊的形状，让礼拜堂的半圆形墙直接在外部表现为外凸的曲线，而现在这些半圆形墙却被封在笔直的外墙内（图 25）。这些改变很有可能是后来的建筑师违背伯鲁乃列斯基的想法做出的。因为形状诡异的弧形墙体系估计是受到了罗马的拉特朗圣若望大殿 [the Lateran Basilica] 的启发，该大殿曾局部采用这种做法，而伯鲁乃列斯基可能把它当作基督教早期的做法。而用连续一圈的由圆顶覆盖的小空间在建筑内部构成中厅、歌坛、耳堂等大空间的前奏，这种做法也非常符合伯鲁乃列斯基的晚期作品给人的空间感受。现有平面则进一步证实了这一点：现在留空的部分正好是两个开间的大小。我们知道伯鲁乃列斯基做了一个模型，在 1434 年得到认可，但他在约十年后对平面做出了修改，因此，他最终修改的平面才真正代表了他晚期的风格。

虽然圣灵大教堂在平面上与圣洛伦佐教堂有所不同，但只有置身其中从三维上才能最好地体验两者真正的差别。即使在平面上，我们可以看到与他其他的晚期作品一样，在圣灵大教堂上，圣洛伦佐教堂的长方形形式，被改进成了更加具有雕塑感的形式。在圣洛伦佐教堂中，小礼拜堂为长方形，其入口处设有扁平的壁柱，以对应中厅的柱子。在圣灵大教堂中，小礼拜堂所采用的半圆形壁龛形式作为其入口处一半嵌在墙内的柱子的反向曲线不断重复，而这些一半嵌在墙内的柱子也一一与中

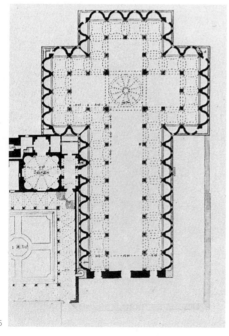

佛罗伦萨，圣灵大教堂，
伯鲁乃列斯基，1434年
或之后

25. 平面　　　**26.** 中厅 ▶

厅的柱子对应。同样，教堂内部的比例也更趋完美。在圣洛伦佐教堂（图19）中，拱廊的高度与其上的侧天窗层的高度比例（约 3 : 2）略显尴尬。在圣灵大教堂（图 26）中，这一比例接近 1 : 1，处理得更令人满意。侧廊开间上面覆盖有圆顶式拱顶，中厅则采用平顶，通过彩绘做出屋顶花格镶板的效果；侧廊开间的高度则大约是中厅开间高度的一半，其宽度也大约是中厅开间宽度的一半，这也可以追溯到同样采用 1 : 2 的比例的公元 10 世纪的圣使徒教堂。或许只有通过在教堂内部漫步才能真正欣赏环绕教堂的一整圈的柱子所形成的雄伟的空间效果。毋庸置疑的是，这座教堂具有伯鲁乃列斯基早期作品中所不具备的丰富感和真正古罗马式的雄伟感。因此，他的职业生涯以这座建筑作为结束也是极其合适的。他的后继模仿者却无法掌握这些晚期作品同时具备的数学的严肃性和丰富的雕塑感，因此他们偏向于模仿他的早期作品，如育婴堂。佛罗伦萨城外的菲埃索莱大教堂［the Badia at Fiesole］就是一个很好的例子。这座建筑在伯鲁乃列斯基去世后才开始建造，但却更像 15 世纪 20 年代建造的育婴堂，而非他晚期的作品。

第三章 | 阿尔伯蒂

　　15世纪早期另一位重要的建筑师是莱昂·巴蒂斯塔·阿尔伯蒂 [Leon Battista Alberti]。他与伯鲁乃列斯基截然不同。他是其所在时代最伟大的学者之一，建筑对他而言只是众多活动中的一项。而伯鲁乃列斯基无法阅读拉丁文，是一个喜欢自己研究和解决问题的人。阿尔伯蒂很有可能于1404年出生于热那亚。他是佛罗伦萨一个显赫的商人家庭的私生子，在他出生时他的一家正暂时处于流放之中。年轻的阿尔伯蒂接受了很好的教育：先是在帕多瓦大学，他在很小的年纪就掌握了希腊语和拉丁语；之后，他又在博洛尼亚大学学习了法律。由于他充分展现了成为神童的潜质，在父亲去世后他受到两个同为牧师的叔叔的资助。他在20岁时用拉丁语写的一部喜剧曾一度被认为是真正的古典作品。不过，这在15世纪或许要比现在更容易做到，因为那时数量不多的学者发现了大量的古典时期的手稿，而发现一部冒充古典的喜剧也并不令人惊讶。很快，阿尔伯蒂就结识了当时绝大多数新一代的人文主义者，其中想必也包括未来第一位人文主义教皇，同时也是阿尔伯蒂未来的雇主——尼古拉五世 [Nicholas V]。1428年左右或更早，阿尔伯蒂一家的流放令被撤销，他来到佛罗伦萨，并在那里见到了伯鲁乃列斯基，可能还见到了多那太罗和吉贝尔蒂。在《论绘画》一书中，他也提到了马萨乔。显然，他在佛罗伦萨进入了先锋艺术家的圈子，这一圈子与他在帕多瓦和博洛尼亚所熟悉的人文主义者的圈子非常相似。这本书的献词也是为数不多的能证明人文主义思想和艺术间的关联的凭证。不久之后，他就开始接受小的项目，并像当时很多人文主义者一样成为罗马教廷公务员 [the Papal Civil Service]。他到处旅行，在15世纪30年代初在罗马生活时开始对古典建筑的遗迹进行详尽的研究。但是，他的研究方法和伯鲁乃列斯基的完全不同。伯鲁乃列斯基主要关注古罗马人如何建造大型建筑、如何给巨大的空间覆顶。换言之，他从纯粹的技术角度来研究古典建筑。阿尔伯蒂作为一个几乎每次都需要雇佣助手来处理具体建造问题的建筑师，估计并不能理解古罗马建筑的结构体系，也肯定对此不感兴趣。但是他是新兴的人文主义艺术的第一个理论家，他希望通过研究古典遗迹，来推导他认为存在的主宰艺术的永恒规则。他写了三本主要的论著，分别关于绘画、雕塑和建筑。在每本论著中，我们都可以看到他的行文参照了西塞罗的拉丁语，他也一直试图寻找改动后可适用于当代的古典主义典范。1434 年，他回到佛罗伦萨，开始撰写第一本艺术论著，即较短的《论绘画》[Della Pittura]。阿尔伯蒂将这本探讨绘画的理论基础的书献给伯鲁乃列斯基、多那太罗、吉贝尔蒂、卢卡·德拉·罗比亚 [Luca della Robbia] 和马萨乔，这是当时最强大的艺术家组合。（马萨乔在 1434 年之前就去世了，但其他几位当时正处于事业巅峰）《论绘画》于 1435 年完稿，展现了阿尔伯蒂对比例和透视学科问题的兴趣。他花了很大篇幅来探讨如何在一个平面上展现不同距离之外的物体，如何将所有物体按照相同的比例缩小。从根本而言，他是用理性和自然的方法来研究艺术，这种方法也可见于他关于建筑理论的书和关于雕塑的小册子。

阿尔伯蒂对于建筑的兴趣始于 15 世纪 40 年代，也就是伯鲁乃列斯基人生的最后几年。他很有可能就是在那时开始创作他最伟大的理论著作——关于建筑的十卷书《建筑论》[De re ardificatoria]。虽然阿尔伯蒂在 1452 年把该书的一版呈献给教皇尼古拉五世，但他很有可能反复修改该书直到 1472 年去世。我们从一本作者不明的《阿尔伯蒂的一生》[Life]（这可能是他的自传）中知道，虽然目前还没有发现可以确定的由他创作的绘画或雕塑作品，但是阿尔伯蒂实践过这三种艺术形式，他的著作和建筑均享有盛名。

　　阿尔伯蒂的《建筑论》显然以维特鲁威的著作为参考范本，后者也是唯一一本从古典时期流传至今的关于艺术的技术性论著。事实上，该著作中所涵盖的知识从未完全失传，不过维特鲁威的手稿却在 1415 年左右戏剧性地被人文主义者波焦·布拉奇奥利尼 [Poggio] 再次发现。毫无疑问的是，阿尔伯蒂是真正使用这份手稿的第一人，因为手稿腐蚀严重，其中一些部分甚至完全无法阅读。《建筑论》的目的是像维特鲁威那样论述建筑的基本原则，它以维特鲁威为指导，但完全不抄袭他。阿尔伯蒂的这本书中很多部分都明显留有人文主义早期的印记，它强调通过培养意志、限制感情、发展能力等方面的个体发展来保证公共利益。这种非常古罗马的关于个体的观点是 15 世纪早期的特征，不过让人略感惊讶的是他用"神庙" [the temples] 和"众神" [the gods] 来指代教堂、上帝和圣人。这种非常自觉的拉丁用法曾一度让人们很彻底地误读了他的思想。虽然他强调古罗马时期的荣耀、古典艺术的高超，但他显然是在基督教的框架下进行思考。

　　阿尔伯蒂提出了古典时代之后第一个关于使用五种柱式的完整理论。他提出了一个城市设计方案，其中包括城市布局和适用于不同阶级的住宅系列。他还提出了一个关于建筑美学和装饰的完整理论，该理论以和谐比例的数学系统为基础，因为他把美定义为"各部分的和谐 [harmony] 与合理整合 [concord]，任何增加或减少只会使其变得更糟糕"。很不合逻辑的是，在他看来，这种美可以通过在和谐的比例上叠加的装饰来提高，而建筑最主要的装饰就是柱子。因此，阿尔伯蒂显然并不知道柱子在古希腊建筑中的基本功能属性，与一些古罗马建筑师一样只把柱子作为承重墙上的装饰来理解。

　　他最早期的作品包括在佛罗伦萨为鲁切拉 [Rucellai] 家族所建的府邸和为里米尼 [Rimini] 的暴君西吉斯蒙多·马拉泰斯塔 [Sigismondo

Malatesta]所重建的教堂。鲁切拉宫很有可能是他第一座建成的建筑，但方便起见，本书将其放入下一章，与其他佛罗伦萨的府邸一起介绍。里米尼教堂曾是一座非常古老的献给圣方济各的教堂，但现在却往往以马拉泰斯塔教堂[Tempio Malatestiano]（图27）之名为人所知。这是因为西吉斯蒙多于1446年左右开始重建这座教堂，希望把它作为自己、妻子和家族成员的纪念馆。对他而言，为上帝的荣耀重建教堂显然是个非常次要的想法。这座位于里米尼的马拉泰斯塔教堂在建筑史上颇为重要，因为它是第一座用古典主义方法解决基督教教堂西立面问题的现代案例。具体来说，在基督教教堂西立面，高耸的中厅和两边较矮的、由单坡屋顶所覆盖的侧廊形成了一个尴尬的形状。这种形状不会出现在古典主义建筑中，因为传统的古典主义神庙由一个内殿[cella]和前面的门廊构成。而法国和英国普遍采用的哥特式解决方案——西面双塔几乎从未在意大利建筑中使用过，因此阿尔伯蒂也没有可以直接参考的现成原型。把教堂西面重塑成以古典主义的凯旋门[triumph arch]为原型的形状，从而把胜利高于死亡的思想暗含在教堂入口所采用的形式之中。最终使用这样的解决方法是为了达到献给尘世统治者的光辉荣耀这一目的。绝大多数古典主义的凯旋门要么由两边设有柱子的单一的拱券构成，比如同样位于里米尼的奥古斯都凯旋门[Arch of Augustus]就属于这种；要么由中间较大的拱券和两边较小的拱券这三个由柱子分隔的部分构成，罗马的君士坦丁凯旋门[Arch of Constantine]就是采用第二种形式的最著名的案例。阿尔伯蒂对它也非常熟悉，并将其作为马拉泰斯塔教堂的原型，不过他也从奥古斯都凯旋门中直接学习了很多细节。但是，君士坦丁凯旋门只解决了中厅和侧廊尺寸不一致的问题。阿尔伯蒂还需要解决中厅高度较高的问题。大多数凯旋门都是单层的，但也有一些设有阁楼，因此他需要寻找其他可用的形式，对其进行修改，从而用到教堂的上半部。事实上，这座教堂一直没有完工，建筑内部仍主要是

哥特式的，但从已建成的部分和马泰奥·德·帕斯蒂［Matteo de Pasti］在 1450 年左右铸造的勋章中我们仍然可以推断出阿尔伯蒂的意图。马泰奥是阿尔伯蒂在里米尼的助手，负责大部分具体建造的事务。最近重新发现的一封阿尔伯蒂于 1454 年 11 月 18 日写给马泰奥·德·帕斯蒂的信清楚说明了阿尔伯蒂的一些想法，而那个勋章则展示了阿尔伯蒂为教堂上半部提出的解决方案。它也证明阿尔伯蒂想建造一个很大的穹顶：与万神庙的穹顶类似，采用半球形，但由肋条支撑，与伯鲁乃列斯

27. 里米尼，马拉泰斯塔教堂，阿尔伯蒂设计的立面，1446年及之后

基的圣母百花大教堂一样。立面上半部的解决方案是在入口上方重复大型拱券开口，但将其作为窗户，并在两边设置柱子（或壁柱），从已建成的部分中我们已经可以看到两边柱子的柱础。侧廊的屋顶则用较矮的设有装饰主题的外墙遮住。这一整套的做法和中间部分上下采用两种不同的柱式的手法，之后成为西方教堂建筑最常见的形式之一。在给马泰奥·德·帕斯蒂的信中，阿尔伯蒂这样解释这种做法：

> 要记住并时刻想到，在这个模型中，屋顶边缘的左右两边都有这样一个东西（下面是这个装饰细部的小图）。我之前跟你说过，我将它设置在这个位置，就是为了隐藏将建在教堂内部空间上方的屋顶，因为我的立面并不能缩减内部空间的宽度。我们应该把改善已经建成的部分、不弄糟之后将要建造的部分作为目标。你应该能明白壁柱的尺寸和比例是如何得出的：如果你做出任何改变，你将损坏整体的和谐……

在同一封信中，他还表明了自己对理性建筑 [rationalistic architecture] 和古典主义所提供的先例的信念："你告诉我说马涅托 [Manetto] 提出圆顶的高度应该是宽度的两倍，但是在我看来，与他相比，我更信任建造大浴场和万神庙的人们和所有那些高贵的建筑；与人相比，我更相信理性。"

虽然他计划采用古典主义的风格，但马拉泰斯塔教堂的细部却往往更接近于威尼斯哥特式，而不是古罗马遗迹。这可能是因为阿尔伯蒂只是通过书信往来设计这座教堂，真正在现场的马泰奥·德·帕斯蒂和石匠们则采用了他们更为熟悉的意大利北部的装饰形式。

位于佛罗伦萨的鲁切拉小礼拜堂 [Rucellai Chapel] 于 1467 年完工，细部比马拉泰斯塔教堂更古典主义。这可能要归功于伯鲁乃列斯基

此前已经采用过了古典主义的形式，从而使佛罗伦萨的石匠比意大利其他地方的石匠更熟悉这种形式。因此，雄伟的佛罗伦萨新圣母大殿（图28）被认为建造于1470年，着实有些让人惊讶。它也由鲁切拉家族委托建造，但现在已确定，该立面于1458年开始建造。与马拉泰斯塔教堂相似，该设计以已有的建筑为先决条件。有人认为阿尔伯蒂故意采用了教堂较早建成的部分中的一些哥特形式，而他不但试图与更古老的风格妥协，甚至试图重建这一风格。由于没有那么新颖（也因此更容易被人接受），新圣母大殿的立面被后来的建筑师所广泛模仿，特别是因为它是给哥特式教堂建造"古风"立面的一个样板。阿尔伯蒂的做法是通过对整个空间的划分使建筑的高度与宽度相等，从而形成一个大正方

28. 佛罗伦萨，新圣母大殿，阿尔伯蒂设计的立面，1458年开始建造

形。然后他通过用来遮盖侧廊屋顶的涡卷部分的基座把这一正方形上下平分。立面的下半部分由主入口划分成两个正方形，每个正方形的面积都是大正方形的四分之一。立面的上半部分在中厅尽端起到遮挡作用，其上立有古典主义的三角山花，该部分大小与下半部分的两个正方形相同。1:1、1:2、1:4 等简单比例的数学划分是阿尔伯蒂所有作品的特点，对数学的依赖也恰恰是伯鲁乃列斯基和阿尔伯蒂与前人的真正区别所在。在他的论著中，阿尔伯蒂经常提到这种简单和谐比例的必要性，显然他给马泰奥·德·帕斯蒂的信中所说的"如果你做出任何改变，你将损坏整体的和谐"就是这个意思。

在阿尔伯蒂去世前，他设计了两座教堂，这两座教堂均位于曼托瓦，且都不需要根据现存建筑来更改他的设计。这两座教堂对未来的教堂建筑而言非常重要，因为它们各自代表了一个主要的类别。圣塞巴斯蒂亚诺教堂［S. Sebastiano］（图 30）采用希腊十字平面，而圣安德烈亚教堂［S. Andrea］（图 32）则采用拉丁十字平面。圣塞巴斯蒂亚诺教堂于 1460 年开始建造，但在 1472 年阿尔伯蒂去世时仍未完工。现在这座教堂经

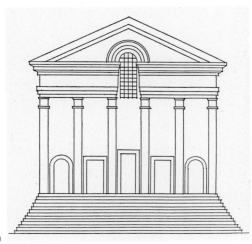

曼托瓦，圣塞巴斯蒂亚诺教堂，
阿尔伯蒂设计，1460年开始建造

29. R. 维特克维尔的立面重构

30. 平面

29

过了错误的修建，图 29 是维特克维尔［Wittkower］教授重构的立面。[7]
这一重构清楚展现了阿尔伯蒂在论著中提出的几乎所有的理论要求。它
位于很高的台阶上，因为阿尔伯蒂认为教堂应该有很高的底座，从而与
周围的世界相隔离。它有六根支撑柱顶楣构的壁柱——目前建成的教堂
虽然有柱顶楣构，但只有四根壁柱——在这个设计中阿尔伯蒂有意采用
古典主义神庙的正立面形式，因为教堂的平面完全没有侧廊。

　　教堂的平面或许要比立面更加重要，因为它为主要建于 16 世纪的
一系列希腊十字平面教堂开了先河。在理论上，阿尔伯蒂认为集中式平
面的教堂本身就是一种完美的形式，代表了上帝的完美，而希腊十字就
是一个很好的案例。同时，他也很有可能受到了早期基督教教堂的影响。
就在曼托瓦附近的拉文纳就有至少两个可能的原型——建于公元 450 年
左右的加拉·普拉西提阿陵墓［the Mausoleum of Galla Placidia］和差
不多同时建造的圣十字教堂［the church of Sta Croce］。[8] 然而希腊十字
平面一直没有得到普及，部分原因是因为该平面很难容纳大型集会。而
阿尔伯蒂在曼托瓦建造的另一座教堂则为后来的建筑师提供了一个更易

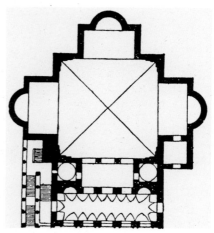

30

接受的范本。

　　圣安德烈亚教堂是阿尔伯蒂去世前两年设计的，直到 1472 年才开始建造，阿尔伯蒂的设计是由他的一个助手实现的，但教堂的大部分直到 18 世纪才建成，而现在建成的立面中只有到三角山花为止的部分是按阿尔伯蒂的设计建造的。教堂平面采用了更为传统的拉丁十字。此前，伯鲁乃列斯基已经在他设计的两座位于佛罗伦萨的教堂中使用了这一平面。但两人的设计有一个很大的不同。在伯鲁乃列斯基的教堂中，侧廊仅仅通过细柱与中厅分隔。人们站在中厅或侧廊中，可以感受到主要轴线方向指向东端的圣坛。但在圣安德烈亚教堂中，侧廊却由一系列互相交替的向中厅敞开并与之垂直的大空间和小空间所替代，其中较大的空间被用作礼拜堂。因此，站在中厅中，人们可以感到两个轴线方向，一

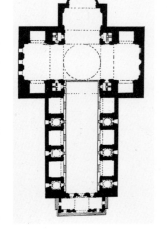

曼托瓦，圣安德烈亚教堂，由阿尔伯蒂于1470年设计

31. 立面　　**32.** 平面　　　　　　　　　　　　　　　**33.** 中厅　▶

个是侧向的沿中厅墙面的小—大—小交替的韵律，另一个是由隧道般的中厅所形成的指向东端的纵向轴线。

　　伯鲁乃列斯基和阿尔伯蒂所采用的形式之所以存在如此大的空间差异，主要是因为阿尔伯蒂有意识地将古罗马的原型用于其建筑内部。圣安德烈亚教堂的中厅非常昏暗，上面覆盖着雄伟的花格镶板筒形拱顶。该拱顶跨度约达 60 英尺（约 18.3 米），是古典时期以来建造的最大和最重的拱顶。拱顶巨大的重量意味着必须设有很大的支撑，其强度应高于伯鲁乃列斯基设计的教堂中所采用的柱子。因此，阿尔伯蒂采用了戴克里先大浴场［the Baths of Diocletian］、君士坦丁巴西利卡［the Basilica of Constantine］等古罗马建筑所提供的原型，在这些原型中巨大的拱座承担了拱券的重量，但同时又可以掏空形成与主轴线相垂直的开口。同样，圣安德烈亚教堂的巨大的支撑可以在不影响抵抗拱顶外推力的情况下，挖出小的和大的礼拜堂空间。这种拉丁十字平面，加上其韵律变换和采用石拱顶的可能性，在 16 世纪末期开始被广泛模仿，特别是在维尼奥拉［Vignola］和耶稣会［the Jesuits］的影响下（图 148）。他们改良了这一形式，并将其用于 17 世纪建造的数量众多的教堂中。

　　人们在教堂的立面上能清晰地看出阿尔伯蒂不但能对内部空间结构做出修改，而且还能将其反映在建筑外观上，将其与已经在圣塞巴斯蒂亚诺教堂中使用过的古典主义神庙正立面的形式相结合。圣安德烈亚教堂的立面是古典主义凯旋门（这次是单一拱券的形式）和古典主义神庙正立面的结合。神庙正立面由立于高柱础上的四根大型壁柱及其上的形状较扁的三角山花构成；凯旋门由就在三角山花下方的顶部为半圆的大开口、开口两边的壁柱以及壁柱自己的柱顶楣构组成，这一柱顶楣构位于神庙正立面的大型壁柱之后，贯穿整个立面。两者的结合在立面上形成了建筑底层两个壁柱之间的小开口、位于其外的大型的顶部为半圆的开口以及大开口两侧重复的小开口。这与建筑内部最基本的建筑特征——大、小礼拜堂的韵律交替完全相同,是以罗马的塞维鲁凯旋门[the Arch of Septimius Severus]发展而来。

在这些他晚年的建筑作品中,阿尔伯蒂明显以古罗马的原型为基础,但并不因此受到束缚。他在《建筑论》中的很多论述也表达了这种不为古典主义时期建筑所束缚的态度。当然,他认为古罗马建筑在各个方面都优于他之前几代的建筑师的作品。但是他同时也认为,伯鲁乃列斯基(或者他自己)等人能够把他们从古典主义建筑中推断出的建筑法则应用于各种不同的目的,而不是盲目模仿。需要记住的是,阿尔伯蒂并不是曼托瓦当时唯一的注重考古的艺术家。比如他的委托者卢多维科·贡萨加[Ludovico Gonzaga]就把安德烈亚·曼特尼亚[Andrea Mantegna]雇为自己的宫廷画家。曼特尼亚的《三王来朝》[*Adoration*](目前藏于乌菲齐美术馆)和贡萨加宫[the Palazzo Gonzaga]婚礼堂[Camera degli Sposi]内的装饰与阿尔伯蒂的教堂属于同一时期。

第四章 | 佛罗伦萨、威尼斯和其他地方的府邸设计

　　意大利社会的发展与欧洲其他地方非常不同。13 和 14 世纪，文明世界大多处于封建社会。权力集中在个别的乡村封建主手中，他们以自己的城堡为据点，依靠自己的私人军队维持统治。但在意大利，社会则部分以教会为基础，部分以城镇极早期的发展为基础。古罗马人建立的城镇一直是意大利最重要的中心，同时意大利很多小城镇也有连续2000 多年独立存在的记录。商人阶层的兴起在一些大城镇中尤其明显。佛罗伦萨就是很好的一个例子，事实上，它在 15 世纪也成为意大利的经济中心。意大利实际的政治结构格外复杂，当时就有两个主要政党——归尔甫党 [Guelfs] 和吉伯林党 [Ghibellines]。理论上，归尔甫党（可再分为白党和黑党）支持教皇的世俗统治，而反对仍然以神圣罗马帝国自称的政权；吉伯林党则坚持皇帝应主导所有世俗事务的原则。但在现实中，两者的立场往往并非如此。比如，佛罗伦萨城虽然属于归尔甫党，但对教皇却绝非言听计从；佛罗伦萨的传统对手——锡耶纳虽然属于吉伯林党，但在政治上却远比佛罗伦萨宗教化。粗略概括的话，也可以说属于吉伯林党的锡耶纳提倡发展贵族半封建的社会形式，而属于归尔甫党的佛罗伦萨则认为社会应以商人寡头为基础。1250 年，新的佛罗伦萨共和国建立。1293 年，《正义法规》[the Ordinances of Justice] 作为某种意义上的共和国宪法完成制定。该法规将政治权利专门授予二十一个行会组织。其中七个行会被称作肥人行会 [Arti Maggiori]，在政治和经济上都占主导地位；另外十四个被称作瘦人行会 [Arti Minori]，主要用来削弱七大行会的力量。七大行会包括律师行会 [Giudici e Notai]、羊毛商行会 [the Arte della Lana]、呢绒场主行会 [Calimala]、丝绸商

行会 [Seta]、银钱商行会 [Cambio]、皮货商行会 [Pellicciai] 以及医生和药剂师行会 [Medici e Speziali]。其中，医生和药剂师行会也是画家所隶属的行会，因为颜料在理论上属于进口药物，是药剂师所掌管的事务。所有这些大行会都包含相关行业的手工业者，比如金匠属于丝绸商行会，因此大行会的会员覆盖范围往往要比看上去更广 [9]。在七大行会中，律师行会、羊毛商行会、呢绒场主行会和银钱商行会这四个行会掌握了实际的权利，因为佛罗伦萨的经济很大程度上依赖于羊毛呢绒贸易以及国际金融。作为复式记账法的发明者，佛罗伦萨人也是欧洲最早的国际金融的提倡者。由于大行会多由少数家族所主导，其中很多家族不但极其富裕，而且势力范围非常之广，这进一步加剧了权力集中。在 15 世纪，佛罗伦萨较大的家族企业不但在意大利其他地方，而且在布鲁日和伦敦也大多设有代理人。这些数量很少、权力极大的家族则受到在佛罗伦萨人口中比重很大、却几乎完全没有政治权力的所谓的"小人" [Popolo Minuto] 的反对。如果因为佛罗伦萨没有皇帝和贵族，就认为佛罗伦萨共和国与现代民主制度有所相似，那绝对是大错特错。事实上，大多数民众的不满常常以暴动的形式表达出来。1378 年的梳毛工起义 [Ciompi Revolt] 无疑是最著名的例子，普通羊毛工人为了提高工作条件而采取罢工。经常发生的暴力事件使绝大多数富裕家族采取半设防的住宅形式，几乎所有家族都住在营业场所上又进一步加强了这种住宅形式。与住在偏远郊区的城堡中的封建贵族不同，佛罗伦萨的商人不得不住在他工作的地方，因此倾向于建造既能用作办公室、又能用作仓库的府邸。当然，这也不是新的创造，商店和仓库的结合加上楼上住宅的形式直接源自古罗马。佛罗伦萨府邸在建筑上的重要性在于它于 14 世纪末、15 世纪初形成了一种特殊的建筑形式，之后在意大利其他地方推广和适当修改。这种公共建筑类型可以追溯到 13 世纪末期，其中旧宫 [the Palazzo Vecchio]（或领主宫 [Palazzo della Signoria]）和

巴杰罗宫 [the Bargello] 则是最著名的例子。两座建筑都位于佛罗伦萨。如其名字所指，领主宫曾经是市政厅，建于 1298 年至 1340 年间，后来经过改建和加建。阿尔诺沃·迪卡姆比奥是设计师。巴杰罗宫于 1255 年开始建造，是主要行政官 [Podestà] 的官邸。佛罗伦萨有一个明智的公约，主要行政官一般不能由起主导作用的家族的成员担任。由于主要行政官多为外国人，因此需要为其提供一座官邸，同时也可用作法院和监狱。巴杰罗宫和旧宫因为明显的原因，临街立面看上去防御性很强，两者也都设有钟楼，因为敲响警钟是官方用来发布警报或召集居民的一种手段。除此之外，设计都非常简单。府邸在一些地方采用了粗面砌筑；窗多采用尖拱券，两扇窗叶由小圆柱分隔；不同楼层在立面上通过层拱来区分。在这两座建筑中，底层的窗户都很小，且设置得很高；整座建筑都采用长方形的平面布局，中间为平面近似正方形的中央庭院，用来采光和通风，庭院内多设有井，以保证在延续一两天的暴乱中，整座建筑有自己的供水，外窗能关闭并有铁条防护。

　　绝大多数主要府邸都采用这一基本类型。达万扎蒂宫 [the Palazzo Davanzati]（图 34），现为家具和装饰博物馆，就是一个很好的案例。它建于 14 世纪末，明显是由上述经典类型演化而来的：它由规模较大的用于商店和仓库的底层和其上的住所构成。与大部分这种类型的府邸不同，它受场地所限只有一个楼梯天井，顶楼则设有很大的外拱廊，供家族成员在夏日夜晚坐着乘凉。包括外拱廊在内，建筑共有五层。下面四层高度随着楼层的增高而减小，因此立面比例逐层减小。底层不但最高，而且采用粗面砌筑，让人觉得底层更加坚固稳健。仓库的三个大门采用略尖的拱券，对称分布，正上方为三个较小的夹层窗。二至四层在底层的三个入口上方，对称设有五个窗户，家族成员则居住在这些窗户后面的房间里。二层，又称主要层 [piano nobile] 显然是最好的一层，它既不受街道上噪音和灰尘的困扰，又不像屋顶下的楼层那么炎热。主要的公共房间和一家之主的房间大多设在这一层，正因如此，它也被称作主要层。三层大多由小孩和相对不重要的家族成员居住。冬冷夏热的四层则供仆人居住。这种布局与奥斯提亚等古罗马市镇所采用的形式几乎完全相同，至少 1400 年前就曾出现，至今依然使用于现代意大利建筑之中。从建筑师的角度而言，他们关心的是设计而非功能问题。而设计上最大的突破则恰恰于 15 世纪在这里出现。根据目前的考证，伯鲁乃列斯基并没有设计过一座流传至今的供私人家族居住的府邸，而阿尔伯蒂也只设计过一座，但他俩所产生的影响却决定了在佛罗伦萨兴起并向外传播的这种建筑形式。

1433 年，巨大的政治危机迫使科西莫·德·美第奇［Cosimo de' Medici］及其家族成员被流放。他带着他的家族银行来到威尼斯，一年之内，佛罗伦萨出现的大规模的资本外流就迫使流放令被撤销。1434 年，科西莫回到佛罗伦萨，成为那里未来 30 年的实际统治者。他非常小心地在幕后掌握权力，尽可能避免让人察觉。他在名义上一直只是一个普通公民，实际上却通过两个简单且不容易被察觉的手段，操控佛罗伦萨的政治。第一个手段是通过小行会。科西莫认识到，大行会中有不少人像奥比奇［Albizzi］家族那样极其嫉妒他，因此他避免直接对这些行会施加影响。他将自己的家族成员、女婿和其他亲信安插到小行会担任要职。这样，客栈主人行会等小行会觉得自己有了强大的盟友，能够反抗大行会的压迫，同时他们也不得不臣服于美第奇家族的巨大财富。这样，科西莫能以小行会联盟所形成的政治压力为依靠。此外，大行会的很多成员虽然在个人层面上对他非常仇视，但也认识到稳定的政府对城市的经济发展至关重要。科西莫的另一个主要武器也同样不容易被人察觉，但在道德上却更难以让人信服：操纵某种收入税。不久之后，人们就发现这种收入税的评定差异很大，而且是以此人是支持还是反对科西莫的政策为标准的。与 15 世纪的其他政治家不同，科西莫可能从未直接谋

34. 佛罗伦萨, 达万扎蒂宫,
14世纪晚期

34

杀过人：他发现让敌人破产跟谋杀一样有效。

科西莫的统治由其儿子和孙子一直延续到了 14 世纪末。从 1434 年起，由于不用搞政治斗争了，很多家族开始把省下来的钱和精力用在建造富丽堂皇的府邸上。就像大家所期待的那样，美第奇宫 [the Palazzo Medici]（图 35—37）也是这种新的住宅建筑的典范之一。关于美第奇宫有个很有可能是真实的传说：科西莫跟伯鲁乃列斯基有私交，因此邀请他为美第奇家族设计一座新的府邸。此前一直没有机会设计住宅建筑的伯鲁乃列斯基欣然答应，设计了一座华丽的府邸，并制作了非常精细的模型。科西莫看完模型后，认为设计过于华美，评价道"人绝不应该浇灌嫉妒之苗"。据说伯鲁乃列斯基听后大怒，把模型摔得粉碎。可以确定的是，美第奇家族所委托的建筑师不是伯鲁乃列斯基，而是米开罗佐 [Michelozzo Michelozzi]（1396—1472）。米开罗佐曾经与多那太罗合作，并深受伯鲁乃列斯基的影响。当他于 1434 年左右开始从事建筑设计时，他的建筑风格在很大程度上是以伯鲁乃列斯基的原则为基础的。从这个角度而言，可以说美第奇宫展现了伯鲁乃列斯基的思想对府邸设计的影响。府邸于 1444 年开始建造，约在 20 年后完工，礼拜堂约于 1459 年完工。建筑外观上只有一处之后经过明显的改动：将底层转角处敞开的拱门用米开朗基罗在 16 世纪早期设计的窗户封上（图 35），里卡迪［Riccardi］家族在 18 世纪初购买府邸后在拉尔加大街［Via Larga］一侧进行大规模扩建。通过与达万扎蒂宫比较，我们可以明显看出美第奇宫在设计上虽没有令人瞩目的创新，但它却包含了一些新的对称和数学布局的原则。它只有三层，其上由一个巨大的古典主义檐部所覆盖，从而在正午时能在墙上形成阴影。达万扎蒂宫的挑檐也起到了同样的作用，但在造价上却便宜很多。美第奇宫雄伟的石檐部采用古典主义的形式，其下是古典主义的柱顶楣构，与整座府邸的高度形成比例关系。檐部高约 10 英尺（3.04 米），而整座府邸高约 83 英尺（25.3 米）。这意味着出挑的檐部需要用最繁复和昂贵的方式将石块嵌入屋顶；而这形成的结果却被后来很多建筑师认为是建筑形式上的谬误，因为檐部下既没有楣梁或楣板［frieze］，也没有柱子。此外，由于檐部的高度和出挑与整座府邸、而不是楼层的高度成比例，顶楼单独看去就像被压扁了一样。这从三个楼层的布局来看则为明显。底层设有圆拱开口，拱石［voussoir］鲜明可见。与达万扎蒂宫稍尖的拱不同，拱无论内外都是圆形的。这些圆拱开口对称地布置在经过明显的粗面处理的墙面上，不规则的质感也给底层带来了一种显著的粗糙感。分隔底层和主要层的是一条细的层拱，它采用古典主义的飞檐托饰［modillion cornice］的形式，也是主要层的窗台。主要层的窗户与底层的圆拱开口一样也是对称布置的，但它们之间却没有对应关系，即主要层的窗户的中心并不与楼下的开口对应。虽然窗户也有与底层开口非常相似的拱石样式，但窗户却采用了巴

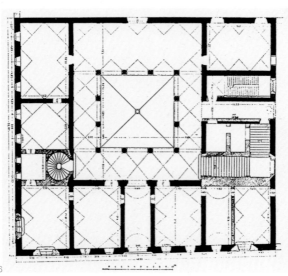

佛罗伦萨，美第奇宫，
米开罗佐设计，1444年
开始建造

35. 临街立面

36. 平面

37. 庭院

杰罗宫和旧宫所采用的更古典主义的形式：窗户由一根小圆柱分隔成两扇窗叶，上为圆拱。主要层高度要小于底层，并且两者差异很大，主要层虽然采用粗面砌筑，但却只有灰缝处的凹槽，石块没有外凸。顶层与主要层几乎完全相同，但它的墙面却是完全光滑的。这样，三个楼层在石工上存在明显的渐变，以而在视觉效果上让府邸看上去比实际更高。

　　与外部空间类似，美第奇宫的内部布局也是对传统形式的重新加工，非常注重比例和对称。内部空间的基本形状是一个中间为大型开敞中央庭院的空心正方形。庭院与巴杰罗宫等早期府邸建筑的中央庭院相似，在底层形成与修道院回廊相同的开敞拱廊。美第奇宫与之前的府邸存在一些非常细微、但比较重要的差别。比如，平面（图36）布局基本是对称的，其中主入口位于立面正中，通过长长的隧道般的门廊通向庭院

37

的中轴。但平面也存在很多不对称的地方，比如庭院的末端比其他几面更宽，房间的设置也并非严格基于各轴线对称。值得一提的是，主要的楼梯仍相对不重要，但已经向有顶的拱廊敞开，而不是完全暴露在外的。这与其他很多早期府邸是相同的。几乎在一个世纪之后，具有仪式感的楼梯才开始成为主要的建筑特征。

庭院的布局最清晰地展现了伯鲁乃列斯基的影响；同时也清晰地说明米开罗佐作为建筑师，在创造性和敏感程度上都远不及伯鲁乃列斯基，因为他对处理庭院固有的设计难题极其缺乏想象力。事实上，美第奇宫的庭院相当于把育婴堂的外立面折起来以形成空心正方形。人们很容易就能看出庭院各面是基于育婴堂立面设计的（比较图 16 和 37）：一系列圆拱由柱子支撑，其上为很宽的楣板，楣板上方的檐部也是二层窗户的窗台。米开罗佐没有认识到，把育婴堂立面折起来会在四角带来他无法解决的问题。育婴堂的立面两端通过设置支撑位于圆拱之上的柱顶楣构的大型壁柱，得到明显的强调。为了支撑柱顶楣构，壁柱在理论上也是必要的。米开罗佐并没有设置大型壁柱，因为它们恰好将位于庭院的四个转角。但这一省略却在三方面改变了原有设计，从而削弱了它原有的效果。首先，他省去壁柱，在转角仅设置一根与拱廊其他部分相同的柱子，这让转角看上去非常单薄。之所以设置壁柱，除了支撑柱顶楣构，也为了在视觉上增加立面尽端的强度。第二，窗户的分组所形成的效果非常糟糕，这或许也是更重要的一点。米开罗佐在二层采用的圆拱窗在形状和比例上都与底层的圆拱非常相似，遵循伯鲁乃列斯基的设计，窗户与其下圆拱中心对齐，从而在立面上平均和对称地分隔空间。不幸的是，由于将立面九十度折转，在转角处相邻的两扇窗户间的距离大大地缩小了，从而加强了单柱所导致的单薄感。第三，分隔拱廊顶部和窗户底部的柱顶楣构和过宽的楣板又再次放大了这一效果。很宽的楣板上雕有圆形饰物，由于圆形饰物位于窗户的正下方，所以它们在转角处显得

38. 佛罗伦萨，鲁切拉宫，阿尔伯蒂
设计，1446年开始建造

非常靠近，在中间则显得间隔过大。这种中央庭院所带来的设计难题解决得相对较慢。事实上，在此后至少一个世纪的时间里，佛罗伦萨的府邸设计一直在重复采用这一类型。反而是在罗马和乌尔比诺等佛罗伦萨以外的地区，问题最早得到了解决。

　　1446 年之后（14 世纪 50 年代？）开工的由阿尔伯蒂设计的鲁切拉宫（图 38）则代表了佛罗伦萨另一种重要的府邸类型。鲁切拉宫的规模比美第奇宫小，差不多同时建造，因此分隔窗叶的圆柱等一些细部与米开罗佐的相似。鲁切拉宫与美第奇宫重要的不同在于，它是将古典主义柱式用于府邸建筑正立面的第一次系统性的尝试，整座建筑也确实展现出表达得更自觉的古典风格。它在某些方面更为复杂，因为它采用了更多种类的纹理，在主要开间中也有更多微妙的强调处理。美第奇宫只有一个入口，位于立面正中；鲁切拉宫则有两个主入口，在立面上试图形成 AABAABAA 的节奏（其实最后一个"A"开间一直没有建成，但可以清晰地看到已经开始建造了，事实上最初的设计可能只有五个开间）。设有入口的开间要比其他开间稍宽一些，在二楼窗户上方设有雕刻精美的盾徽 [coats of arms]。

交替的节奏本身就使鲁切拉宫在立面组织上比美第奇宫复杂，而用来水平和竖直划分建筑的柱式的创新又大大增加了它的复杂性。起水平划分作用的柱顶楣构装饰繁复，用鲁切拉家族的徽章取代了古典主义柱式应采用的装饰图案。与美第奇宫相同，每个檐部都起到窗台的作用。这些水平划分元素都由比例正确的壁柱支撑，而整个方案以古罗马斗兽场为蓝本。维特鲁威只提到了四种柱式，因为罗马混合柱式是在他死后才出现。但阿尔伯蒂却在罗马看到过罗马混合柱式的案例，并在《建筑论》中将其与柯林斯柱式区分开，开创了"罗马五柱式"的先河。在实践中，他延续了斗兽场所开启的传统，即顶部两层采用柯林斯柱子和柯林斯壁柱。鲁切拉宫的底层采用塔司干柱式，主要层采用了一种形式丰富的柯林斯柱式（而非爱奥尼柱式），顶层则采用较为简单且更为准确的柯林斯柱式。他可能是希望用更丰富的形式来突出主要层，但这种非古典主义的做法也说明即使当时最精通古典主义的建筑师在识别柱式上也存在困难。

遵循古典主义建筑的先例，阿尔伯蒂以壁柱的高度来确定层高，而壁柱在高度上则互成比例。底层采用所需最小的高度，因为塔斯干柱式必须比其他的柱式更矮、更厚重。壁柱下方设有很大的基座，可用作带靠背的座椅，其上刻有菱形样式，以模仿古罗马的做法 [opus reticulatum]。这一非常微小的细节在很大程度上代表了阿尔伯蒂对待古典主义建筑的方式。由于把壁柱作为整个立面的主要元素，他显然无法像米开罗佐的美第奇宫那样采用渐变的粗面砌筑。阿尔伯蒂通过在主要墙面上采用灰缝凹槽式的粗面砌筑，在圆拱窗上强调凹槽，在壁柱上采用光滑的表面和菱形样式的基座，形成鲜明的对比，从而给鲁切拉宫带来丰富的纹理效果。很明显，阿尔伯蒂采用他熟悉的古罗马建筑中的菱形样式，是为了赋予壁柱基座一种形式，从而形成纹理对比。但事实上，菱形样式本身并不只是一种装饰手段。对古罗马建筑师而言，它相当于现在的钢筋混凝土技术。古罗马人发现在混凝土中加入一些加固材料，可以在凝结过程中将其拉结，在凝固后形成核心，从而增加大型混凝土构件的强度。因此，他们有时会在尚未凝结的混凝土中尖部朝内插入锥形石块，以在凝固过程中来拉结混凝土，而混凝土凝固后，露在墙面上的锥形底部则形成了菱形样式。阿尔伯蒂似乎并不了解菱形样式装饰效果背后的结构目的。他在石墙面上刻出这种样式，以形成菱形样式的视觉效果，这与古罗马人发明这种技术的目的完全不同。不管怎样，他可以用形成"古典"的视觉效果来为自己辩解。阿尔伯蒂显然也为建筑顶部的檐部找好了古罗马的原型。檐部给他带来了很大的难题。前面讲到的米开罗佐的大型出挑（图35）是与整座建筑的高度、而不是与顶楼的层高成比例。但是，鲁切拉宫除顶楼外的各层都设有完整的与支撑它的壁柱成比例的柱顶楣构，因此檐部必须与顶楼的柱式成比例。可是，这会使檐部无法在暴晒时提供足够的遮阳。阿尔伯蒂的解决方案是让最上方的柱顶楣构与顶楼的柱式成比例，然后给其加上一个巨大的出挑，并用一系列插入楣板的古典主义枕梁来支撑出挑的部分。这使得人们从街道看这座建筑时，能把檐部既作为顶楼又作为整座建筑的一部分来理解。与柱式相同，他在檐部采用的构件也直接源自斗兽场。因此，在这座可能是他最早的建筑作品中，我们已经可以清晰地看出他对古典主义遗迹的态度，以及他把古罗马建筑视为当代建筑的准则的倾向。

尽管阿尔伯蒂作为建筑师和理论家都很有威望，但鲁切拉宫却没有什么后继者，绝大多数 15 和 16 世纪的佛罗伦萨建筑师在风格上更为自由。一些建于 15 世纪末的伟大府邸，如皮蒂宫 [the Pitti]（图 39）、巴齐－夸拉泰西府邸 [the Pazzi-Quaratesi]（图 40）和规模很大的斯特罗奇宫 [Palazzo Strozzi]（图 42），在很多方面印证了这一点。皮蒂宫展现了很多问题。现在的皮蒂宫大部分建于 16 和 17 世纪，但我们从图和早期的记录中知道这座建筑从一开始就计划建成巨大的规模，虽然可能不及现在建成的规模。它最初有七个开间，也就是现在位于正中的七个，应该是在 15 世纪中期开始为卢卡·皮蒂 [Luca Pitti] 建造的。可以确认的是，阿尔伯蒂曾经的助手卢卡·凡切利 [Luca Fancelli] 参与了皮蒂宫的建造。但人们认为伯鲁乃列斯基和阿尔伯蒂可能都是设计者。认为伯鲁乃列斯基是设计者确实可以理解，因为皮蒂宫的设计构想极其宏大。但至今尚未发现任何 15 世纪的文献中有相关的记录，16 世纪的一份文献则说明皮蒂宫很有可能 1458 年才开工，但那时伯鲁乃列斯基已经去世 12 年了。卢卡·皮蒂认为自己是科西莫·德·美第奇的伟大对手。几乎可以确定的是，这个虚荣又愚蠢的老人试图建造一座能让美第奇宫黯然失色的府邸。因此，它的设计很有可能以伯鲁乃列斯基因过于宏大而被科西莫否定的模型为基础。皮蒂宫是由阿尔伯蒂设计的这一可能性很小，原因有二：首先如此雄伟的府邸没有任何古罗马原型可以直接模仿。当然，也可以间接地说，府邸的尺度——各层层高达 40 英尺（约合 12.2 米）源自对古罗马建筑的真正理解。但这也可以作为否定阿尔伯蒂是设计师的说法的关键证据。因为即使是曼托瓦的圣安德烈亚教堂那巨大的筒形拱顶也没有像皮蒂宫如此简洁，而他其他的作品也没有展现出皮蒂宫中大型空间的极其自信的处理方式。

皮蒂宫最初的设计者似乎没有其他的作品，因为所有其他 15 世纪末至 16 世纪初的佛罗伦萨府邸都或多或少直接以美第奇宫等原型为参照，几乎没有对原型做出进一步的发展。巴齐-夸拉泰西府邸（图 40）

和贡迪府邸［Palazzo Gondi］（图 41）可以说是 15 世纪末风格的典型代表。当时，各个艺术领域都开始从马萨乔、多那太罗和伯鲁乃列斯基粗犷和豪迈的风格向流畅和华美转变。巴齐–夸拉泰西府邸仍能看出伯鲁乃列斯基的传统，底层的粗面砌筑和整座建筑的设计都大致体现了他的风格。另一方面，这座建筑大部分可追溯到 1462/1470 年，一些装饰雕塑可能是朱利亚诺和贝内德托·达·米扎诺［Giuliano and Benedetto da Maiano］的作品。自由又充满魅力的建筑装饰具有 15 世纪末的典型特征，绝不可能是 1450 年之前的作品。

　　贡迪府邸于 1490 年左右开始建造，并于 1498 年正式使用。它是朱利亚诺·达·桑加罗的作品。他是伯鲁乃列斯基最重要的一个后继者，也是 15 世纪末佛罗伦萨最重要的建筑王朝中最年长的一员。他生于 1443 年左右，卒于 1516 年，因此并没有机会与伯鲁乃列斯基和米开

39. 佛罗伦萨，皮蒂宫，沿街立面，中间部分于1458年开始建造，建筑师不详

40

40. 佛罗伦萨,巴齐-夸拉泰西府邸, 1462/1470年

41. 佛罗伦萨,贡迪府邸约1490年开始建造,由朱利亚诺·达·桑加罗设计

罗佐这代人有直接的接触。尽管如此，贡迪府邸却与美第奇宫以及美第奇宫另一个杰出的后继者——斯特罗齐宫非常相似。贡迪府邸比美第奇宫规模更小，也更简洁。它最有趣的建筑特点是，它用均匀分布、尺寸相近的圆角石块取代了美第奇宫中粗凿的石块，作为底层的粗面砌筑。二层窗户间的十字形立面元素和底层主入口的拱石肌理则加强了这种从粗糙向光洁的转变。

斯特罗齐宫（图 42）光凭它巨大的规模就值得单独介绍。同样，它几乎所有的建筑价值都要归功于美第奇宫。它的规模要大得多，整个立面采用与贡迪府邸一样的圆角石块做粗面砌筑，但它只在这些很小的细节上与美第奇宫有所不同。斯特罗齐宫于 1489 年开始建造，雄伟的

41

42

檐部是外号为"记录"[Il Cronaca]的建筑师于1504年之前设计的,但整座宫殿估计到1536年才完工。当时的木模型现在仍然保存在这座建筑中,同样留存至今的还有一份给朱利亚诺·达·桑加罗支付模型制作费的文件。然而,人们普遍认为,他只是因为模型制作才拿了钱,并没有参与设计,而贝内德托·达·米扎诺则有可能是设计者。

雄伟的佛罗伦萨府邸成为意大利其他地方学习的样本,而几乎所有意大利城镇都会有几座这种类型的舒适宽敞的府邸,这种府邸在意大利语中被有些夸张地称作"宫殿"。从15世纪开始,在佛罗伦萨建立的

42. 佛罗伦萨,斯特罗齐宫,1489年开始建造

这种建筑形式也在佛罗伦萨之外的地区或多或少得到了发展，其中最著名的案例位于皮恩扎、罗马和乌尔比诺。

人文主义者艾伊尼阿斯·西尔维乌·比克罗米尼 [Aeneas Silvius Piccolomini] 在 1458 年成为教皇庇护二世后，开始重新建造他的家乡小镇，并以自己的名字将其重新命名成皮恩扎。小镇很小，几乎正好位于锡耶纳和佩鲁贾的中间。15 世纪的光辉时刻之后几乎没怎么改变，但它却在城市规划的历史上具有重要的地位。庇护二世决定将这座小镇升级为城市，因此他开始建造一座大教堂、一座主教宫殿、一座自己和家族的大型府邸以及一座市政厅。他非常明白所有这些工程必须在自己去世前完工，所以他在任期很早期就开始了建造。从 1459 年到他 1464 年去世时，他已经完成了一件杰出的城市规划作品。在他的监督和指导下，曾参与阿尔伯蒂的鲁切拉宫项目的佛罗伦萨建筑师贝尔纳多·罗塞利诺 [Bernardo Rossellino] 完成了设计。庇护二世是个与众不同的教皇，为世人留下了一本篇幅宏大、叙述坦诚的自传。其中有好几页 [10] 专门记录了他在皮恩扎的活动，并阐述了他希望创造的建筑形式。其中最重要的是，皮恩扎的中心有意识地围绕大教堂做了一个整体规划（图 43）。整体布局将大教堂放在广场的主轴线上，广场的北边与市政厅相交。广场的东边和西边分别是庇护二世府邸和主教宫，南边除了大教堂，还有一个陡坡。大教堂非常特殊，因为它以庇护二世在一次远行中很欣赏的一座奥地利教堂为蓝本。庇护二世曾多次远行，甚至去过苏格兰。他显然做好了指定建筑形式的准备，比如他曾严格地下令，所有人都不得对大教堂的结构和装饰做出任何改变 [11]。他的府邸也在一些方面有所创新。第一，它在总平面布局上考虑到了与大教堂的关系。第二，府邸朝向花园的一面正好面对阿米亚塔山 [Monte Amiata] 壮观的景色。府邸几乎完全模仿了阿尔伯蒂的鲁切拉宫，这或许并不让人感到意外，因为罗塞利诺曾负责鲁切拉宫的建造。正如我们在其他地方所看到的庇护二世是准备按照自己的喜好来指定设计，因此值得一提的是他在自己的府邸中，遵循了同为人文主义者的阿尔伯蒂的严格对称和古典主义的原则。唯一的例外来自于庇护二世自己。府邸的南面由三层开敞的柱廊构成，面对花园和花园后的山景。而庇护二世之所以下令建造开敞柱廊，纯粹是为了景观。这样，皮恩扎小城是古罗马之后最早的城市规划作品之一，在它之前的只有一两座基于古罗马市场和其他特征规划的中世纪作品。庇护二世的府邸也是第一座将丰富的景观作为一个重要特点来设计的府邸。人们常说彼得拉克[Petrarch]是第一个单纯为了观景而登山的"现代"人，那么庇护二世则是第一个花钱建造能观景的建筑的"现代"人。

根据庇护二世自己的记述，罗塞利诺超了预算。他花了逾 5 万达克特[ducat]（他原本的预算只有 18000 达克特），而且在收到庇护二世补充的款项时并没有流露出不安。庇护二世的自传继续写道："他在几天后因为得知自己受到了多项指控而感到不安。庇护对他说：'贝尔纳多，你在对我们就造价撒谎这件事上，做得很好。如果你之前说了真话，那你就不可能让我们付那么多钱，这座辉煌的府邸、这座全意大利最精美的大教堂就不可能像现在这样高高耸立。你的欺骗建成了这些华丽的建筑，它们将得到除了一小部分妒忌者之外的所有人的赞美。我们感谢你，并认为你应该在当代所有建筑师中获得特殊的荣耀。'庇护下令给他全部的付款，还另外给他了 100 达克特和朱红色的袍子作为礼物……贝尔纳多在听完教皇这番话后，流下了愉快的眼泪。"

庇护二世的前任、死于 1455 年的尼古拉五世一直聘请阿尔伯蒂担任罗马很多项目的顾问。其中最重要的无疑是圣彼得大教堂的大规模改建，它对大教堂成为现在的样子起到了很深远的影响。让人意外的是，在 15 世纪前半叶，罗马在政治上和艺术上都不重要，这主要是因为教皇都不在罗马。尼古拉五世和阿尔伯蒂试图改变罗马的地位，但收效甚微。15 世纪只有两座重要的世俗建筑留存下来：文书院宫[Palazzo della Cancelleria]和威尼斯宫［Palazzo Venezia］（图 44）。在两座建筑中，阿尔伯蒂的影响都非常明显，尽管他应该没有参与设计。威尼斯宫未完成的庭院建于 1467/1471 年间，它是罗马很长时间以来第一座重要的世俗建筑。虽然阿尔伯蒂并没有参与设计，但威尼斯宫却解决了庭院转角的问题。我们之前讲过，这一问题最初出现在佛罗伦萨的美第奇宫等建筑中。威尼斯宫给出的解决方案具有鲜明的阿尔伯蒂的设计特点，因为它是从街对面的古典主义原型——斗兽场或古老的马切罗剧场［Theatre of Marcellus］直接演化而来的。它的庭院与美第奇宫不同，支撑拱券的不再是单柱，而是墙墩［pier］。墙墩上有立在很高的基座上的

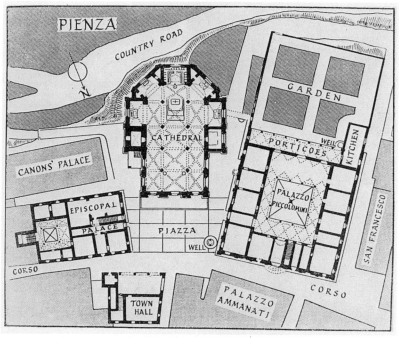

43

43. 皮恩扎镇中心规划，庇护二世，1458年开始建造

44

半柱, 与斗兽场和马切罗剧场一样, 半柱只是装饰, 并非结构构件。从建筑设计的角度而言, 它明显优于佛罗伦萨的单柱, 因为它在角部能形成 L 型, 从而使角部看上去更加稳健; 它也能让柱间距更为合理, 因为它可以调整比例, 与基座相适应。阿尔伯蒂很有可能在斗兽场的启发下最早想出了这个方法, 并用于老圣彼得大教堂的祝福长廊 [Benediction Loggia]。祝福长廊有图纸留存, 从中我们可以看到它是联系斗兽场和威尼斯宫的纽带, 阿尔伯蒂的这一创新值得称赞。

另一座重要的建筑——文书院宫 (图 45、46) 最初是为里亚里奥主教 [Cardinal Riario] 建造的巨大的宫殿, 但后来却被用作罗马教皇法

45

庭 [the Papal Chancery]，也因而得名。文书院宫是意大利建筑最大的谜题之一。几乎可以确定，它在 1486 至 1496 年间设计并基本建成。与佛罗伦萨的皮蒂宫相似，它规模巨大，可以看出阿尔伯蒂的影响，虽然它不可能是阿尔伯蒂设计的，因为文书院宫开始建造时他已经去世多年。过去人们认为文书院宫是由伯拉孟特设计的，估计是因为它是一座非常优秀的建筑。但史料说明他似乎在 1499 到 1500 年的冬季才来到罗马，而文书院宫最重要的建筑特征在此之前就已经确定下来了。文书院宫极长的立面由一个很高的基座层和其上两个由壁柱覆盖的楼层构成。很容易看出它与鲁切拉宫（图 38）非常相似，但它在比例上则更加精妙，因此远超过罗塞利诺在皮恩扎的简单模仿之作。具体而言，首先，底层壁柱的去除使建筑的水平划分比鲁切拉宫更简单和清晰。底层通过粗面砌筑和相对较小的窗户成为二、三层的雄伟的基座。二、三层也都采用粗面砌筑，但处理成不同形式。主要层的窗户更大，阁楼层在每个开间内用两扇窗户取代其下的楼层的一扇大窗。立面在两端向外突出，从而在横竖两个方向分割了大尺度的墙面。但需要承认的是，因为立面突出得不够，这一效果并不明显。水平方向的处理更有效，也更经得住推敲。阿尔伯蒂在鲁切拉宫创造了一种非常简单的样式——相同的带窗开间由单壁柱分隔，各开间位于下一层的立柱的檐部之上，檐部也因此起到窗台和壁柱基座的作用。文书院宫的韵律更为复杂，通过较窄的无窗开间和较宽的有窗开间构成 ABABAB 的节奏，以取代鲁切拉宫 AABAAB 的节奏。窗台和壁柱基座都相互独立，并与下层立柱的檐部明显分开。宽窄开间还引入了新的比例。文书院宫多处使用无理数的黄金分割率，取代了此前宫殿采用的 1:2、2:3 等简单比例。比如，由四个壁柱构成的单元（宽开间＋窄开间＋宽开间——译者注）的宽度和高度、主窗的高度和宽度、窄开间的宽度和宽开间的宽度之比都符合黄金分割率。仅这一点就说明文书院宫的建筑师不但对阿尔伯蒂的理论和实践都了如指掌，而且有能力把建筑艺术向前推进一大步。

庭院立面在很多方面跟鲁切拉宫更为相近，因为它直接发展了斗兽场的立面——在底下的楼层采用柱子，在顶层采用壁柱。底下两层采用很宽的拱券，用柱子支撑，让人想起育婴堂；而顶层则由同层主立面变化而来，通过用单一壁柱取代成对出现的壁柱，形成 AAA 的节奏。在底下两层，我们可以看到与美第奇宫和威尼斯宫截然不同的角部处理形式。与之前的案例相同，拱券由单柱支撑，但在角部却与威尼斯宫一样采用了 L 型墙墩，从而解决了角部的难题。所有这些巧妙的处理方法让人们相信，伯拉孟特更有可能参与的是文书院宫的这部分的设计。而

DELLA CANCELLERIA LO FE FARE IL CARDINALE RAFFAELE RIARIO ARCHITETTVRA DEL FAMOSISSIMO BRAMANTE DA VRBINO FABRICATO CIRCA L'ANNO. MDXII.

Pietro Ferrerio Architecto

46

伯拉孟特是乌尔比诺人这一事实进一步加强、而不是削弱了这一观点，因为最早采用这种方法来解决角部难题的建筑就在乌尔比诺。

　　乌尔比诺的公爵宫 [Palazzo Ducale]（图 47—50）是 15 世纪下半叶位于佛罗伦萨之外的第三座重要建筑。它主要建于 15 世纪 60 年代，是为当时伟大的战士乌尔比诺公爵费德里戈 [Federigo, Duke of Urbino] 建造的。他的庭院可能是当时整个欧洲的文明中心。

　　公爵宫在设计师、建成日期上给世人带来了很大的难题，可能性最大的一种解释是它最重要的部分是由一个相当神秘的来自达尔马提亚的建筑师卢恰诺·拉乌拉纳 [Luciano Laurana] 设计的。我们对拉乌拉纳了解甚少，对他早年的学习和培训更是一无所知。但可以确定的是他于 1465/1466 年来到了乌尔比诺，一份 1468 年的文件显示他被任命为公爵宫的总建筑师。他于 1479 年在佩萨罗去世。公爵宫最成功的部分——

46. 罗马，文书院宫，立面图

庭院应该是在 1465 年至 1479 年间建造的。因此，我们可以认为庭院和主入口立面是拉乌拉纳设计的。不过，乌尔比诺当时还有别的艺术家，而且公爵宫的确在拉乌拉纳来到乌尔比诺之前就已经开始建造。它可能是由来自锡耶纳的弗朗切斯科·迪·乔尔吉奥 [Francesco di Giorgio] 最终完成。拉乌拉纳和乔尔吉奥在内部装饰上的具体分工至今仍存在争论。另外，我们知道公爵作为出身平凡的教皇军队的总指挥，跟当时主要的建筑师关系都不错，皮耶罗·德拉·弗朗切斯卡 [Piero della Francesca]、曼特尼亚和阿尔伯蒂都是他的座上客。伯拉孟特于 1444 年出生于乌尔比诺，39 年后拉斐尔也出生在那里。有人提出比例完美的庭院和主入口立面可能是皮耶罗·德拉·弗朗切斯卡的作品；但同时我们似乎没有理由去怀疑公爵在 1468 年那份将拉乌拉纳称作总建筑师的文件中对他如此热情的赞颂。[12]

公爵宫位于山顶，除了朝向广场和教堂的主入口那面，其他几面均是陡坡。与皮恩扎的主教宫相同，设计把优美的景色纳入考量。最陡的那面建有两座平面为圆形的高塔，两者由一个高三层的部分相连，每层各开有一个圆拱窗，形成能将群山尽收眼底的外廊。这一凯旋门式的设计让人联想起在那不勒斯为阿拉贡的阿方索建造的凯旋门，拉乌拉纳有可能在那里开始了建筑师生涯。庭院和主入口是现在的公爵宫最重要的部分，虽然它的建筑内部凭借简单的大房间、雕刻繁复的壁炉、设有可能是现存最精美的镶嵌拼花装饰的门廊等成为现存最精美的建筑内部之一。公爵宫现在是马尔凯国家艺术馆 [the National Gallery of the Marches]，展出的绘画与建筑非常相配。

跟其他很多意大利建筑一样，位于城市主广场一旁的公爵宫立面初看上去让人非常失望（图 47）。它布满了为插脚手架设置的小洞，从那些被封的主窗和尺寸缩小了的入口门廊可以明显看出，它一直没有完工。尽管如此，这个立面仍然值得仔细考察。最明显可见的一点是，这个由三个入口门廊和四面主窗构成的主入口立面在窗户的尺寸和处理上都与另一个主立面完全不同。因为那个立面的窗户全部为圆拱窗，其中一些采用了此前佛罗伦萨宫殿常用的两扇窗叶的形式。我们知道公爵宫中一些部分于 1447 年开始建造，因此我们有理由认为这些佛罗伦萨式的圆拱窗就是那时建造的。建筑师非常娴熟地将主立面分成几个部分。最下面是采用粗面砌筑的底层，转角处设有壁柱，开有三个较大的方形门廊，之间则开有较小的方窗。其上的主要层则开有四扇与门廊形式相似的窗户，两边设有壁柱，顶上设有模制成型的笔直的柱顶楣构，作为窗户的滴水罩饰 [hood moulding]。原计划在此之上还设有至少一层阁楼，但在现存的立面中，我们只能猜测它可能的样子。[13] 四扇主窗位于三个较大的门廊之上，这种罕见的布局形成了一种曲折的韵律。窗户位于粗面砌筑的开间之上，门廊位于两扇窗户之间，这与 15 世纪中叶任何一位佛罗伦萨建筑师的立面做法都完全不同。而且，立面所采用的方形也与佛罗伦萨通常采用的形式完全不同。我们也再次提出拉乌拉纳可能是公爵宫的建筑师，而在他离开乌尔比诺时立面应该尚未完成。

穿过三个入口门廊中的最后一个，就会来到宫殿的庭院（图49）。庭院也采用了佛罗伦萨式的元素，而且明显参考了美第奇宫等杰出的案例，但这些元素的处理却表现出了远超过 15 世纪六七十年代佛罗伦萨建筑师的技巧和复杂度。它与美第奇宫的庭院一样，底层为修道院回廊式的采用交叉拱顶的开敞拱廊。其上的主要层则采用封闭形式，窗户与底层的拱券对应设置。公爵宫高超之处恰恰表现在这里。首先，美第奇宫庭院的不足主要由如何在各个转角将垂直相交的两个拱券用单柱支撑这一难题造成。正如我们之前讲到的，与公爵宫差不多建于同一时间的罗马的威尼斯宫（图 44）已经提出了一种解决方案，很可能启发了阿尔伯蒂。拉乌拉纳在转角采用了 L 型墙墩，墙墩两边各设一根支撑底层拱券的半柱。而墙墩朝庭院的表面则设有两个在转角相交的壁

47

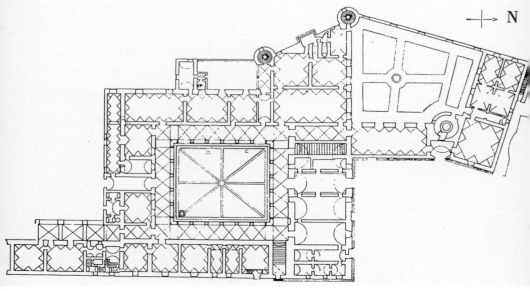

48

49

乌尔比诺，公爵宫，建筑
师：拉乌拉纳（？），1468年
之前设计

47. 立面

48. 平面

49. 庭院

50. 门

50

柱，来支撑刻有称赞费德里戈公爵的拉丁文的柱顶楣构。[14] 在拱券上设置壁柱和柱顶楣构的做法显然受到了伯鲁乃列斯基的育婴堂的启发。但拉乌拉纳对其做出了同期佛罗伦萨建筑师没有想到的改进。更重要的是，转角的做法使主要层的每个窗户能在与其下的拱券中心对齐的同时，不在转角靠得过近，并有足够的空间设置与底层柱式统一的壁柱。于是，庭院立面通过上下两个柱顶楣构形成两个显眼的横条，两层都由统一的壁柱和柱子清晰界定出开间。开窗与壁柱间距的比例则很好地展现了建筑师极其优秀的比例感，相比之下，米开罗佐的庭院则显得笨拙和比例失调。基本可以确定庭院和主立面是由同一个建筑师设计的，同样可以确定的是建筑师不是佛罗伦萨人，尽管他非常了解佛罗伦萨、罗马和那不勒斯等地最新的作品。我们知道拉乌拉纳在 1468 年是费德里戈公爵的建筑师，因此我们可以认为他就是那个留下这一完美作品的建筑师，而这一作品也启发了下一代最伟大的建筑师——伯拉孟特。

另一个技术高超的建筑师——来自锡耶纳的画家和建筑师弗朗切斯科·迪·乔尔吉奥也曾参与公爵宫的设计。但是，他极有可能只主要参与了一些房间的装饰设计。因为一个可以确定由他设计的建筑——建于 15世纪末的位于科尔托纳附近的小教堂（图 61）完全不能与公爵宫相媲美。人们还认为乌尔比诺的圣伯纳迪诺教堂 [San Bernardino] 也是他的作品。

典型的威尼斯府邸在设计上与意大利所有其他的府邸完全不同，而威尼斯建筑风格的发展要明显慢于其他地区。我们之前已经看到，以佛罗伦萨地区为代表的府邸建筑的发展受到一系列社会、经济和气候因素的影响。威尼斯的府邸建筑也受到这些因素的影响，只是这些因素本身与其他地区差异很大。首先，由于用地紧张，几乎每座主要的威尼斯府邸都有很大一部分建在插入水中的桩基之上，这意味着没有空间建造开敞的中央庭院。其次，威尼斯在经济和政治上的稳定意味着在府邸设置

51

防御工事没有那么大的必要，因此也不需要设置中央采光井。因此，威尼斯的府邸通常为一个单一的体块，其风格也因为威尼斯的对外贸易经过显著的改动。在中世纪，威尼斯人与东地中海、特别是东罗马帝国贸易往来频繁。东罗马帝国一直延续到1453年土耳其人攻占君士坦丁堡。因此，拜占庭艺术对威尼斯产生了深远的影响，即使在意大利其他地区销声匿迹之后，依然影响了几代威尼斯人。威尼斯与北欧的贸易往来也促进了北方哥特风格的传入。

象征威尼斯共和国的权利和财富的两座伟大的建筑是圣马可大教堂 [the Basilica of St Mark] 与总督府 [the Doges' Palace]。圣马可大教堂可以追溯到公元829年，但于1063年重建，1094年举行祝圣仪式。立面中很大一部分建于15世纪初期。总督府建于14世纪，但朝向圣马可

51. 威尼斯，总督府，14和15世纪

52

52. 威尼斯，黄金宫，
1427/1436年

53. 威尼斯，斯皮内
利角宫，约1480年开
始建造

广场的——也就是与圣马可大教堂的主立面平行的——立面大约建造于
1424 至 1442 年之间。圣马可大教堂和总督府（图 51），尤其是总督
府，是威尼斯建筑永久的典范。1427/1436 年间建造的黄金宫［Ca'd'Oro］
（图 52）或 15 世纪中叶建造的皮萨尼宫［the Palazzo Pisani］可以说明
这一点。在黄金宫、皮萨尼宫这些后来建造的这一类型府邸建筑中，总
督府的影响在二层窗户的形状和尺寸上体现得最为明显。在黄金宫，我
们再次看到奇怪但非常成功的双拱廊形式：底层的拱廊柱间距较大，二
层的拱廊柱间距较小。但与总督府不同，黄金宫位于大运河边，一部分
甚至直接位于大运河之上。这不仅意味着府邸没有中央庭院，而且意味
着底层基本无法住人。因此，典型的威尼斯府邸在水面上的底层设有很

53

　　大的开口，楼梯从入口大厅向外伸出，一系列库房则正好高于水位的底层其他部分。也就是说，主要层在威尼斯府邸建筑中占据极其重要的地位，远超过它在其他意大利府邸建筑中的作用。由此则发展出了威尼斯府邸设计的另一个特点，即立面通常分为三个垂直的部分。位于二层的主要房间被称作大沙龙［Gran Salone］，占据了立面的中间部分，两边为较小的房间，在立面上表现为较小的开窗。这意味着，大沙龙的开窗要尽可能的大，因为这个大房间不能通过两边或内部庭院采光，只能通过正面和背面采光。因此，立面正中大面积集中开窗成为威尼斯府邸建筑最显著的特征。威尼斯人非常保守：这一基本的设计类型从 15 世纪早期到 18 世纪几乎完全保持不变，在 15 和 16 世纪逐渐引入的一些重

54

要的改动则都旨在加强立面的系统化，形成形状基本规则的门窗对称布
局的形式。绝大多数 15 世纪和 16 世纪初优秀的府邸都是由隆巴迪家
族［the Lombardi］的成员或由毛罗·科杜奇［Mauro Codussi］通过他
们的关系设计的。他们的作品包括约 1480 年开工的斯皮内利角宫［the
Corner-Spinelli］（图 53）和约 1500 年开工、1509 年完工的温德拉敏
宫［the Palazzo Vendramin-Calergi］（图 54）。两座府邸均保留了建筑
正中集中开窗的形式，但两边开间的窗户则对称设置，且尺寸和形状均
与正中的窗户相同。斯皮内利角宫形成 ABBA 的韵律，而温德拉敏宫
则形成 ABBBA 的韵律。相比之下，温德拉敏宫的古典主义元素处理得
更加自信和娴熟。墙上柱子的设置就是一个很好的例子。柱子的设置强

54. 威尼斯，温德拉敏宫，约1500—1509年

调了传统的开窗形式。两端的开间包括一对柱子、一扇窗和另一对柱子，而大沙龙的三扇主窗则由单柱分割。不管怎样，与意大利其他地区1509 年前的发展相比，温德拉敏宫可以说是非常守旧的。直到 1537 年流亡威尼斯的佛罗伦萨人雅各布·桑索维诺 [Jacopo Sansovino] 开始建造科尔纳罗家族的府邸时，文艺复兴盛期 [High Renaissance] 的建筑形式才来到威尼斯。

　　威尼斯另一种特殊的建筑形式——被称作"学校" [Scuola] 的慈善组织的建筑也值得一提。它们是宗教兄弟会，通常由从事同一职业的人在某一圣人的资助下联合起来开展慈善和教育工作。因此，这种建筑有时会包括医院或学校，但同时又作为成员的集会场所。在建筑上最著名的可能要数圣马可学校 [the Scuola di S. Marco] 和圣洛克学校 [the Scuola di S. Rocco] 了。尽管两者于 1517 至 1560 年建造，但仍然展现出威尼斯建筑师极端的保守主义和圣马可大教堂对威尼斯所有与宗教相关的建筑的持久影响。

　　此后很多年，圣马可大教堂仍然影响了威尼斯及其领地内的几乎所有教堂的设计。比如，15 世纪下半叶由科杜奇和隆巴迪家族建造的奇迹圣母大教堂 [Sta Maria de' Miracoli] 和圣扎卡里亚教堂 [S. Zaccaria] 都能看到圣马可大教堂的影响。该时期只有两座威尼斯教堂值得单独一提：科杜奇在威尼斯的第一个作品，1469 年开工、约 1479 年完工的伊索拉的圣米凯莱教堂 [S. Michele]（图 55）和很久之后建造的圣救主堂 [S. Salvatore]。与科杜奇的其他建筑相比，圣米凯莱教堂的装饰的威尼斯风格要弱得多，这也让我很想把它誉为科杜奇最优秀的作品。它建于一个被用作威尼斯的公墓的小岛上，因此它其实是一座葬礼礼拜堂，而非教区教堂。或许正因为这一点，它简单而庄重，更像阿尔伯蒂早期的作品，而不像 15 世纪末的威尼斯建筑。圣米凯莱教堂和阿尔伯蒂的马拉泰斯塔教堂的相似之处绝非偶然，很有可能是威尼斯当时古典主义运

55. 威尼斯，伊索拉的圣米凯莱教堂，1469—约1479年，由科杜奇设计

动的反映。

　　另一座教堂——圣救主堂（图56）建造于1507年至1534年间。它的有趣之处主要在于它把拉丁十字式教堂发展成一种直接由圣马可大教堂演化而来的新形式。拉丁十字平面中的长中厅现在由三个相连的集中式部分构成，每个部分包括一个大穹顶和围绕它的四个小穹顶。这样，它把圣马可大教堂的形式与费拉莱特［Filarete］和列奥纳多·达·芬奇［Leonardo da Vinci］在米兰发展的形式（参见114—115页）结合起来。耳堂和半圆形后殿［apses］的增设则形成了拉丁十字的平面。平面可能是由乔尔吉奥·斯巴文托［Giorgio Spavento］设计的，但整座建筑的建造是由隆巴迪家族的一员、甚至桑索维诺负责的。

　　意大利北部地区通过将托斯卡纳建筑的古典主义原则运用于北方常见的装饰传统，产生了不少混合式的建筑。其中最重要的一座建筑是位于贝尔加莫的科莱奥尼礼拜堂［the Colleone Chapel］（图57）。它的设计师乔瓦尼·安东尼奥·阿玛迪奥［Giovanni Antonio Amadeo］非常知名，也经常被雇用，之后他将与伯拉孟特在米兰合作。科莱奥尼礼拜

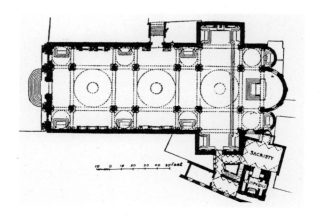

56

56. 威尼斯，圣救主堂，平面由乔治奥·斯巴文托设计，约1507年

57

堂建造于15世纪70年代初，与费拉莱特的作品非常相似，设有一个高耸的八边形鼓座，其上的穹顶和采光亭则以圣母百花大教堂为蓝本。尽管如此，立面作为整体说明装饰元素总是能战胜托斯卡纳建筑师的数学原则，虽然阿玛迪奥可能认为自己是一个古典主义建筑师。15世纪末建成的科莫大教堂 [Como Cathedral] 则是一个更为成功但较晚建成的

57. 贝尔加莫，科莱奥尼礼拜堂，由阿玛迪奥设计，15世纪70年代初

意大利北部混合式建筑的案例。相对没有那么成功但更加著名的则是加尔都西会的大型修道院帕维亚卡尔特修道院［the Certosa at Pavia］。它于 1481 年左右设计完成，直到 150 年后才建成。阿玛迪奥可能参与了设计，但绝大多数米兰主要的建筑师、画家和雕塑家也都参与了这个项目。虽然立面上的雕塑作为雕塑本身都是极佳的，但立面的整体效果最多只能说是杂乱无章的。其实，立面设计的主要线条非常简洁，只是由于覆有太多带颜色的表面装饰和装饰性雕塑，才造成了这种没有完全融合的古典主义的效果。

　　意大利 15 世纪末为数不多的重要的教堂都是由托斯卡纳的建筑师建造的，他们在这些教堂中进一步发展了伯鲁乃列斯基所创建的原则。其中包括位于普拉托的由朱利亚诺·达·桑加罗设计的圣玛利亚卡瑟利教堂［Sta Maria delle Carceri］（图 58—60）、位于科尔托纳附近的由弗朗切斯科·迪·乔尔吉奥设计的卡尔契纳约感恩圣母教堂［Sta Maria del Calcinaio］（图 61）。两者都与达·芬奇和伯拉孟特在米兰尝试建造的集中式教堂相似。而我们知道弗朗切斯科·迪·乔尔吉奥不但跟达·芬奇认识，而且写过一本关于建筑的专著。

　　朱利亚诺·达·桑加罗的家族有三位知名建筑师，他是其中最年长的一位。他生于 1443 年左右，卒于 1516 年。他的弟弟老安东尼奥·达·桑加罗［Antonio the Elder］生于 1455 年，他们的侄子小安东尼奥·达·桑加罗［Antonio the Younger］生于 1485 年。朱利亚诺最初是一名木工，在伯鲁乃列斯基的传统下成长起来（伯鲁乃列斯基去世时朱利亚诺才三岁）。他最重要的作品包括普拉托的这座教堂、佛罗伦萨的贡迪府邸以及他为伯鲁乃列斯基的圣灵大教堂所加建的圣器室。他的职业生涯在被任命为圣彼得大教堂工程负责人接替伯拉孟特时达到巅峰，但他当时（1514—1515）显然已经无法承担如此浩大的工程，他退休后来到佛罗伦萨，并于 1516 年在那里去世。他的两座宗教建筑清晰地展现了他一

普拉多，圣玛利亚卡瑟利教堂，由朱利亚
诺·达·桑加罗设计，1485年开始建造

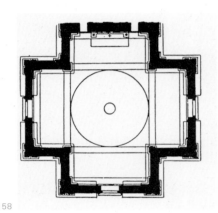

58. 平面
59. 剖面
60. 建筑内部

直恪守的伯鲁乃列斯基传统。比如，圣灵大教堂的圣器室在细部处理上完全采用伯鲁乃列斯基的手法，与圣若望洗礼堂相似。位于普拉托的圣玛利亚卡瑟利教堂于 1485 年开始建造，于 1506 年停工，现在未完成的样子就是那时留下的。它采用纯粹的希腊十字平面，因此是从伯鲁乃列斯基集中式教堂的传统发展而来的，不过它也更直接地从 25 年前建造的阿尔伯蒂位于曼托瓦的圣塞巴斯蒂亚诺教堂发展而来。建筑内部包括一个由帆拱支撑的肋穹顶，与伯鲁乃列斯基的巴齐礼拜堂和旧圣器室完全相同。但是，建筑外部由于没有伯鲁乃列斯基的原型可以直接参考，采用了比例失当的双柱，比建筑内部要差很多。尽管如此，在与朱利亚诺的圣玛利亚卡瑟利教堂和弗朗切斯科·迪·乔尔吉奥同期设计且风格相似的卡尔契纳约感恩圣母教堂中，早期文艺复兴对古典主义轻盈和纯洁的追求都达到顶点。而下一个巅峰则要等伯拉孟特来攀登。

61

61. 科尔托纳，卡尔契纳约感恩圣母教堂，室内，15世纪末，由弗朗切斯科·迪·乔尔吉奥设计

第五章 | 米兰：费拉莱特、达·芬奇、伯拉孟特

15 世纪下半叶，米兰的建筑得到了长足的发展。斯福尔扎 [Sforza] 家族从 1450 年弗朗切斯科·斯福尔扎 [Francesco Sforza] 成为米兰公爵 [Duke of Milan] 起开始主导米兰的政治，直到 1499 年卢多维科 [Lodovico] 败给了法国的路易七世 [Louis XII] 并在狱中度过余生。斯福尔扎家族，特别是卢多维科，是非常慷慨的艺术资助者，全世界最伟大的两个艺术家——列奥纳多·达·芬奇和伯拉孟特都曾为卢多维科工作近 20 年。弗朗切斯科·斯福尔扎获得爵位时，佛罗伦萨仍然在所有的艺术领域占据领先地位，托斯卡纳风格的影响开始冲击当地的伦巴第传统。这主要是因为弗朗切斯科·斯福尔扎与科西莫·德·美第奇是政治盟友。包括伯拉孟特在内的很多佛罗伦萨的艺术家都曾经在米兰工作过一段时间，而米开罗佐、费拉莱特和达·芬奇是其中最有影响力的三个。据我们所知，米开罗佐在米兰设计了两座重要的建筑，即：美第奇家族的一座府邸和由佛罗伦萨的波提纳利 [Portinari] 家族建造的大礼拜堂。波提纳利礼拜堂虽然是圣欧斯托焦圣殿 [the Basilica of S. Eustorgio] 的一部分，但几乎可算作一座单独的建筑（图 62）。虽然人们普遍认为米开罗佐是波提纳利礼拜堂的建筑师，但我们并不能确定是否有别人参与设计、米兰的工匠们在建造时是否完全遵循了他的设计。米兰的建筑以热衷色彩和装饰为传统，这明显与米开罗佐从伯鲁乃列斯基那里学习的更简单和朴素的形式相悖。因此，15 世纪末和 16 世纪初米兰建筑的历史，很大一部分是纯粹的古典主义风格和当地的赞助人、工匠的喜好互相妥协的历史。波提纳利礼拜堂基本上是伯鲁乃列斯基式的设计，包括：正方形平面，建筑顶部是由帆拱支撑的穹顶；但建筑四角设有小塔，形状很像

62. 米兰，圣欧斯托焦圣殿，波提纳利礼拜堂，15世纪60年代初，由米开罗佐设计

62

清真寺的宣礼塔［minaret］，这是典型的伦巴第地区的装饰。建筑四角的高塔在15世纪晚期逐渐成为伦巴第地区集中式建筑的特征，而这种形式则在罗马圣彼得大教堂早期重建项目中发展得更加成熟。

　　米开罗佐为美第奇家族设计的府邸原本是作为美第奇家族在米兰的银行总部建造的，但现在只有主入口部分作为斯福尔扎城堡［the Castello Sforzesco］的一部分留存下来，同时我们还可以通过费拉莱特关于建筑的著作中的插图一睹府邸整体立面的风采。插图和现存的主入口都说明，府邸将佛罗伦萨或伯鲁乃列斯基的建筑形式与插图中的尖拱窗等哥特式装饰元素结合起来。建于15世纪60年代初的波提纳利礼拜堂和美第奇府邸都是米兰在15世纪中叶开始引入佛罗伦萨建筑风格的最重要的案例。

佛罗伦萨建筑风格对米兰的下一波冲击与费拉莱特这一名字密不可分。他是佛罗伦萨的一名雕塑家，本名为安东尼奥·阿维利诺 [Antonio Averlino]，但以与希腊语中"热爱美德的人" [lover of virtue] 发音相近的费拉莱特自称。他于 1400 年左右出生，1469 年左右去世。他留存至今的最早的主要作品是于 1445 年完工的老圣彼得大教堂的青铜大门。这些大门是为数不多的从老大教堂留存下来并用在新大教堂中的构件。从中可以明显看出，费拉莱特试图挑战吉贝尔蒂为佛罗伦萨圣若望洗礼堂设计的大门，但结果并不成功。两三年后，他不得不匆匆离开罗马，离开时颇受质疑。不久之后他来到了伦巴第，并于 1456 年开始设计米兰大医院。这座建筑在大规模的改建和重建后，直到最近一直是米兰最主要的医院之一（但现已成为米兰大学的一部分）。在开始这个项目前，费拉莱特去考察了当时医院设计最重要的两个案例——佛罗伦萨和锡耶纳的医院。他的这座建筑试图把当时分散在米兰各处的慈善组织集中在一起，在建筑上具有重要的意义。这座规模宏大的建筑平面设计为正方形中的十字，平面的正中也就是十字交叉处为医院教堂，教堂采用集中式平面。与米开罗佐的波提纳利礼拜堂相同，建筑四角设有高塔。建筑留存至今的部分说明，费拉莱特与米开罗佐一样试图把古典主义的形式强加给倾向于哥特风格的工匠，而与米开罗佐一样，他的尝试也失败了。

与他为数不多的留存至今的建筑相比，他 1461 至 1464 年左右的论著更为重要。完成后不久，他就在米兰失宠了。1465 年的一个版本在献词中专门提到了皮耶罗一世·德·美第奇 [Piero de'Medici]，并印有大量的插图。费拉莱特在书中慷慨激昂地呼唤人们回到古典主义，彻底摒弃"野蛮的现代风格"——这指的是在意大利北部几乎仍未受到挑战的哥特风格。论著按照不同的主题共分为二十五卷。第一部分以阿尔伯蒂理论为基础，非常明确地以建筑为主题，但论述却非常杂糅和支离。第二部分则是关于一个以他在米兰的雇主命名的想象中的城市——"斯

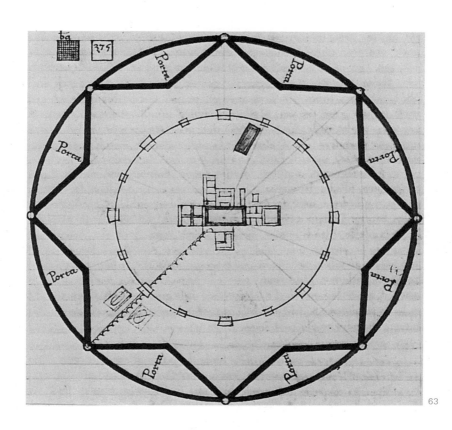

63

福钦达"［Sforzinda］（图63）的神话故事。斯福钦达作为星形城市的一个早期案例，具有重要的意义，在书中有详细的描述。此外，费拉莱特也用很大的篇幅描述了城中的建筑，并对主要建筑的装饰进行了详细的介绍。大家也许会想起，我们之前提到过的皮恩扎就建成于15世纪60年代初，虽然它在规划上远没有斯福钦达那么有雄心壮志。其他一些分卷则是异乎寻常的大杂烩，内容包括保证规划城市和谐的占星术计

63. 斯福钦达，一个理想城市的设计，费拉莱特，1464年之前

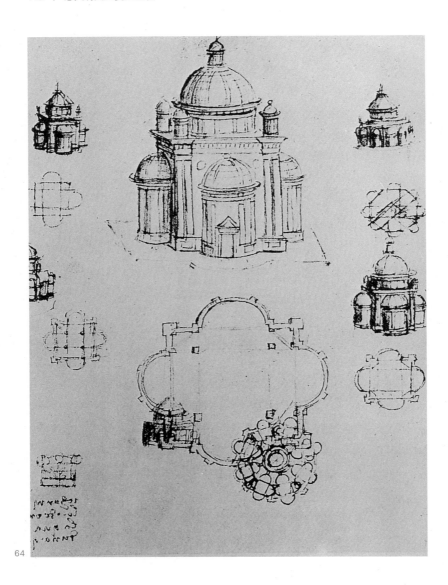

64

64、65. 列奥纳多·达·芬奇，MS.B手稿中的建筑图，1489年或之后

65

算，关于理想的建筑师和雇主关系、防御工事建造的常识性论述等等。第六卷是关于他希望在米兰建造一座医院的描述和一些图纸。第十四卷中对金书 [the Golden Book] 的描述则进一步加强了整部论著的神话色彩。金书是在挖斯福钦达的地基时从一位被称作佐加里亚王 [King Zogalia] 的人的坟墓中找到的，里面有对古典主义建筑的论述。至少对费拉莱特而言，古典主义建筑遗迹具有一定的魔力，因此理应战胜野蛮的哥特建筑。在之后一代的建筑师看来，费拉莱特多少有些荒谬。瓦萨里在 16 世纪中叶曾非常尖刻地评价费拉莱特的著作："虽然里面能找到些不错的论述，但整部著作非常荒谬，甚至可能是史上最愚蠢的一本书。"这是更理性、更学究式的一代的观点。但毋庸置疑的是，费拉莱特的热情和他对集中式建筑形式的积极宣传在米兰的建筑理论发展进程中起到了最为重要的作用。考虑到达·芬奇和伯拉孟特在 15 世纪 80 年代和 90 年代都专注于集中式建筑理论，费拉莱特的论著对整个欧洲也有极其重要的意义。

列奥纳多·达·芬奇最有可能是在 1482 年来到米兰，并在那里一直待到了 1499 年。在这 17 年中，他制作了斯福尔扎二世纪念碑的黏土模型，绘制了《最后的晚餐》，对解剖学和其他一系列科学问题展开了深入的研究。同时，估计是在费拉莱特的论著和伯拉孟特的影响下，他开始绘制一系列集中式建筑的图纸。他的解剖学知识在当时无人能及，这可能是吸引他开始研究建筑图纸的原因。我们知道他计划并开始撰写一部详细介绍解剖学的论著。这本著作通过人体剖面和解剖的不同步骤的插图介绍了人体的整体结构，通过安排得当的插图清晰地展现了人体不同部分的功能。在此之前，解剖学的专业教学只包括少数图示和医生偶尔的解剖演示。这些图示只能起示意作用，不能展现人体部分；而这些解剖演示也只是证明图示的手段，而不是为了真正探索人体结构而展开的。达·芬奇同期绘制的很多建筑图，尤其是现藏于巴黎的 MS. B 手稿中的建筑图（图 64、65），也体现出他使用科学方法研究解剖学。在这一关于建筑的论著草稿中，达·芬奇选取了一些集中式建筑形式，从最初的简单形状发展为越来越复杂的形式。虽然其中很多都无法建造，明显只是建筑理论的演练，但是这些建筑图的重要性在于它们是有意识的理论推演，为此达·芬奇发展出了新的表现手法。这些建筑图大多先展现建筑复杂的平面，然后通过鸟瞰图（有时是剖面图）展现该建筑。跟他的解剖图一样，它们能完整地展示三维形式。[15] 据目前所知，达·芬奇并没有建成的作品，然而他的建筑图和理论推演无疑深深地影响了伯拉孟特，并通过他影响了整个 16 世纪的建筑思潮。我们甚至有理由相信伯拉孟特早期为圣彼得大教堂所做的设计深受达·芬奇集中式结构的建筑图的影响：米兰最古老的那些建筑，特别是早期基督教巴西利卡圣洛伦佐教堂，都给两人留下了极其深刻的印象。

伯拉孟特最迟于 1481 年就来到了米兰，一直到 1499 年米兰沦陷后才离开，他之后将成为他这一代最伟大的建筑师。人们对他早期的职业生涯了解甚少。他可能是在 1444 年左右出生于乌尔比诺附近。我们知道 1477 年他在贝加莫画了一些壁画，其中一些部分留存至今，但我们对他在 1477 年之前的经历却一无所知。一幅可以确定完成于 1481 年的题有"于米兰"[in Milan] 的版画说明，他画家的身份似乎延续了相当一段时间。这幅壁画也是他对建筑感兴趣的最早的证据，虽然画中的建筑废墟采用了装饰丰富的伦巴第哥特风格，而且整幅画看上去更像是出于画家而非建筑师的想象。他应该是在乌尔比诺长大的，我们也很有理由相信他是皮耶罗·德拉·弗朗切斯卡和曼特尼亚的学生，也就是说乌尔比诺公爵宫高贵的简朴、皮耶罗画作的和谐和曼特尼亚对古典主义建筑的强烈兴趣影响了他的风格的形成。1481 年的版画却几乎看不出这些，但在此后的 25 年中，伯拉孟特在建筑领域树立了与此相当的原则，

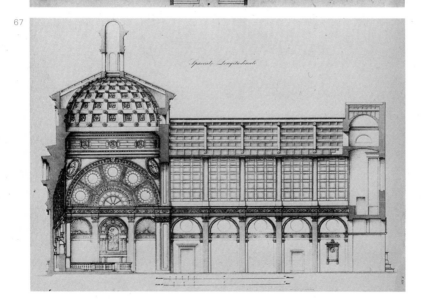

66

67

米兰，圣沙弟乐圣母堂，由伯拉孟特设计，15世纪70年代开始建造

66. 平面，圣沙弟乐礼拜堂位于最左侧，洗礼堂位于右侧

67. 剖面

68. 交叉部和歌坛，采用假透视

69

69. 米兰，圣沙弟乐礼拜堂，建于公元9世纪，由伯拉孟特翻新

并通过古典主义的建筑语言表达出来。古典主义的建筑语言也在未来几个世纪成为建筑界的准则。

目前已知的伯拉孟特最早的项目是圣沙弟乐圣母堂［Sta Maria presso S. Satiro］（图66—69）的重建。圣沙弟乐圣母堂是米兰的一座建于9世纪的小教堂。虽然1482年之前的文件都没有提到伯拉孟特，但是他可能在15世纪70年代就开始参与这一项目。这座小教堂的两个特点奠定了它在未来的重要性。首先，在建造教堂的东端时制造了透视错觉。这展现了伯拉孟特深受自身画家的背景和皮耶罗·德拉·弗朗切斯卡的建筑理念的影响。将建筑空间像绘画一样处理成一系列面和留白，而不是像雕塑一样处理成一系列三维实体，使伯拉孟特不同于伯鲁乃列斯基和绝大多数同期的佛罗伦萨建筑师。其实，圣沙弟乐圣母堂的东端受窄巷的限制，无法按照一般的方法建造。为了能保持歌坛、中厅和耳堂作为一个整体理想的空间效果，伯拉孟特不得不设计出这一巧妙的错觉手法。而花格镶板拱顶的装饰特征和壁柱的形式则来自于皮耶罗·德拉·弗朗切斯卡和伯拉孟特自己对米兰早期基督教建筑的研究。

最重要的米兰早期基督教建筑是建于 5 世纪的伟大的圣洛伦佐教堂。可惜的是，它在 16 世纪被大规模改建，而米兰其他很多早期基督教教堂要么不复存在，要么被大规模改造了。尽管如此，这些建于 5、6 世纪的建筑对伯拉孟特而言是优秀的建筑风格的主要案例，也无疑是启发他的古典主义创作的灵感源泉。圣沙弟乐圣母堂就能很容易地证明这一点。小礼拜堂（见图 66 左侧）是原本建于 9 世纪的圣母堂。伯拉孟特虽然对其进行了翻新，特别是在建筑外部，但建筑平面——位于圆形中的内切正方形里的希腊十字作为典型的早期基督教设计形式则被伯拉孟特用在圣沙弟乐洗礼堂（见图 66 右侧）中。更重要的是，虽然洗礼堂的平面直接源自早期基督教原型，但也受到了以伯鲁乃列斯基为鼻祖的佛罗伦萨建筑传统的影响。[16] 这一相对简单的平面也包含了伯拉孟特重建罗马圣彼得大教堂的最初设计的萌芽，因此这一米兰小教堂也是很多 16 和 17 世纪意大利教堂的直系祖先。

正如之前所看到的，伯拉孟特早期风格中的佛罗伦萨元素来自于米开罗佐和费拉莱特的建筑作品以及费拉莱特和达·芬奇的建筑思想。圣沙弟乐礼拜堂（图 69）的外部非常清晰地展现出来自佛罗伦萨的影响。伯拉孟特将圆中十字的平面表达成三层立面。最底下一层为圆柱形，两边设有壁柱的深壁龛与光滑的墙面互相交替。这让人想起伯鲁乃列斯基的天神之后堂。然而，伯拉孟特用高出底部圆柱形的希腊十字四臂构成第二层，以强调集中式平面。每臂设有一扇窗，屋顶下部设置山墙。山墙上的屋顶交汇处则为第二层的副层，先是一个方形物，其上为窗户与单壁柱相间的八边形鼓座。最上面则是一个小的圆形采光亭。这与伯鲁乃列斯基的思想和波提纳利礼拜堂等符合佛罗伦萨风格的建筑非常相

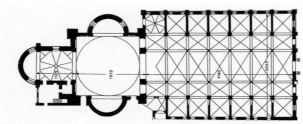

70

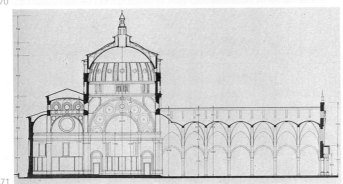

米兰，恩宠圣母
教堂，伯拉孟特
设计，15世纪80
年代末和90年代

70. 平面
71. 剖面
72. 交叉部内部

71

似，但是建筑上的装饰元素却纯粹是伦巴第式的，而建筑整体效果则与
早期基督教洗礼堂相似。

　　伯拉孟特因前往罗马而未完成的更大型的项目——恩宠圣母教堂
[the church of Sta Maria delle Grazie]（图70—72）东端加建的后殿也
体现了相同的基本想法。加建估计于15世纪80年代晚期开始，延续了
整个90年代。教堂的建筑外观并不令人满意。又长又矮的中厅和侧廊
是另一个建筑师于15世纪60年代建造的；东端的大型后殿上覆盖着
一个很大的鼓座和一个很小的采光亭。后殿不与中厅相连的三面均向外
突出，其中南、北两面为耳堂，西面为歌坛。伯拉孟特明显是想把后殿
建成一个与中厅联系不紧密的独立的集中式建筑。剖面和平面都清楚地
体现了后殿与中厅突兀的连接。教堂的内部效果则更令人满意，这可能

73

73. 米兰，圣安布罗斯教堂（现圣心天主教大学），多立克回廊，伯拉孟特，15世纪90年代设计

是因为内部装饰大多反映了伯拉孟特本人的想法，而外部可能是当地的石匠在没有伯拉孟特监督的情况下建造的。恩宠圣母教堂的内部通过几何形状，如绘制的轮形扇窗［wheel window］等，形成明亮和清晰的效果。这些几何形状虽然让人联想起 1481 年的版画，但是却从属于明亮的空间布局。伯拉孟特似乎在来到罗马不久后就不再使用这种装饰，因为他试图让自己的风格更加厚重和雄浑，从而向古罗马遗迹看齐。失去一些精巧和纤弱感多少会让人有些遗憾。这种精巧和纤弱感不但体现在恩宠圣母教堂中，而且也体现在他在米兰的另一件主要作品——他为圣安布罗斯教堂［S. Ambrogio］和毗邻的修道院设计的三个回廊。其中第一个——卡诺尼卡的门廊［the Porta della Canonica］位于教堂的一侧，由一系列由柱子支撑的圆拱和位于正中的更大的拱券构成，正中的拱券由外覆壁柱的方形墙墩支撑。这一设计是伯鲁乃列斯基的育婴堂和米兰

圣洛伦佐教堂外著名的古罗马柱廊的结合。这个建筑特别有意思的一点是几根柱子的柱身上有奇怪的多余物体。它们看上去很像切掉树枝的树干，而这恰恰是设计想达到的效果。维特鲁威在论述建筑起源时，断言古典主义柱式源于被用作垂直支撑物的树干。这些有多余物体的柱子说明伯拉孟特不但继续关注生动的细节，而且在米兰期间就已经开始阅读维特鲁威（首印版出版于 1486 年左右，意大利语的首印版是由伯拉孟特的学生西萨里亚诺［Cesariano］完成的）的著作。

另外两个回廊分别被称作多立克［the Doric］回廊（图 73）和爱奥尼［the Ionic］回廊，在伯拉孟特离开米兰之前开始建造，但很迟才建成。它们曾属于圣安布罗斯教堂修道院，现在是米兰圣心天主教大学的一部分。多立克回廊是伯拉孟特最优秀和成熟的作品之一。乌尔比诺的公爵宫或许对它产生了最显著的影响。公爵宫与伯鲁乃列斯基在育婴堂创建的类型在这里精巧地结合起来。支撑回廊拱顶的柱子上设有柱顶石，其下由连续的柱基相连。与公爵宫的庭院不同，拱廊的四角并没有通过墙墩来增强，而是像佛罗伦萨府邸那样采用了单柱。尽管如此，最终的效果却不像佛罗伦萨府邸那么糟糕。这主要是因为大跨度的底层拱券和跨度小得多的上层拱券间的比例关系经过了非常仔细的推敲。每个跨度较大的底层开间对应的上层被分割为两个小开间。这也意味着位于底层拱券的中线之上的不是窗户，而是分隔窗户的小壁柱。这一韵律很大程度上要归功于公爵宫的庭院，但形成这一韵律则有赖于极高的精准度和精妙的比例关系。壁柱上非常扁平和锐利的装饰线条、封闭拱廊、方窗和回廊的拱券，所有这些都与 1481 年版画中丰富的装饰极其不同。而这些也是伯拉孟特所谓的"最后的风格"［ultima maniera］，即他的罗马风格。

第六章 | 伯拉孟特在罗马：圣彼得大教堂

卢多维科·斯福尔扎倒台后，伯拉孟特和达·芬奇都离开了米兰。达·芬奇后来回到米兰为法国征服者工作，而伯拉孟特却直接去了罗马，1499年末抵达罗马后一直在那里度过余生。我们对他1499年末1500年初抵达罗马到1503年教皇儒略二世就任之间的经历所知相对较少，但可以确定的是，他在此期间至少完成了两件能很好展现他的成熟风格的作品。与和平圣母玛利亚大教堂[the church of Sta Maria della Pace]相连的小回廊就是其中之一。根据楣板上的题词我们知道，它于1500年左右开始建造，于1504年建成。另一件作品是被称作坦比哀多[Tempietto]的小教堂。它位于蒙托利欧的圣伯多禄教堂和修道院[the church and monastery of S. Pietro]的庭院之中。虽然碑文上标注的日期是1502年，但当时它可能尚未开始建造。

伯拉孟特在来到罗马时已经五十多岁了，一般而言他不太可能在风格上做出剧烈的变化。但我们可以放心地说，他最后14年在罗马的作品是文艺复兴盛期建筑的典型。15世纪绝大部分时间里，罗马在政治上并不重要。但在世纪末的最后几年中，随着西斯笃四世[Sixtus IV]成为教皇，以及1492年洛伦佐·德·美第奇[Lorenzo de'Medici]去世后佛罗伦萨日渐衰落，罗马再次成为重要的政治中心。其地位在儒略二世[Julius II]（1503—1513）成为教皇后得到进一步的加强。儒略是那个赞助盛行的时代最开明的雇主，曾多年雇用米开朗基罗、拉斐尔、伯拉孟特为他工作。因为最好的工作机会都在那里，因此，罗马也成为当时的艺术中心；不过，在15世纪，多那太罗、阿尔伯蒂和伯鲁乃列斯基等人之所以多次前往罗马，并不是为了获得委托项目，而只是为了学习古典主义建筑的遗迹。而这也是影响伯拉孟特最后阶段作品的决定性因素。瓦萨里说伯拉孟特花了很多时间来考察罗马及周边乡村的遗迹，可以说很多遗迹荒凉的景象和宏大的规模给他留下了很深刻的印象。虽然他在米兰已经研究过圣洛伦佐教堂和之后一些罗马诺·伦巴第 [Romano-Lombard] 风格的教堂，但是他在罗马见到的马克森提乌斯和君士坦丁巴西利卡、万神庙等宏大尺度的建筑却是他此前完全没有见过的。这些建筑不但尺度极其宏大，而且非常简朴。大浴场和大巴西利卡的大理石饰面大多早就脱落了，混凝土结构和粗糙的石材裸露在外，这迫使建筑师从建筑结构的角度而不是以装饰的角度来考察这些遗迹。万神庙早在公元 7 世纪就被改成基督教教堂——圣母与殉道者教堂 [Sta Maria ad Martyres]。而这座保留了大多数原有装饰的大型圆形教堂几乎是所有 16 世纪圆形教堂的鼻祖，包括伯拉孟特的坦比哀多 [Tempietto]。这部分是因为圣母与殉道者教堂规模宏大，气势恢宏，但主要还是因为圆形与奉献的思想非常契合，安置殉道者遗骸的教堂 [martyrium] 大多都是圆形的（见第 126 页）。

伯拉孟特在罗马的第一件作品——和平圣母玛利亚大教堂的回廊（图 74）相对而言较为简洁，与米兰圣安布罗斯教堂的回廊有很多相似之处。受马切罗剧场等古罗马建筑的影响，回廊由层高基本相同的两层构成。它最不寻常的地方是二层在底层每个拱券的中线位置立有一根柱子。这一设计受到了很多人、特别是 16 世纪后期的建筑师的批评，因为它违背了“虚对虚，实对实”的原则。然而，已有的建筑决定了两层楼的层高，而层高又使得二层无法设置与底层拱券成比例的拱券。于是，伯拉孟特修改了他在圣安布罗斯教堂的回廊的设计：去除二层的墙面，只留下中间的元素，但将其从方形墙墩改为单柱。这个位置的支撑至关重要，因为如果没有它，柱顶楣构将无法支撑自身的重量。

伯拉孟特在和平圣母玛利亚大教堂的回廊中单纯靠微妙的比例变化

74

和光影对比取得了最后的效果，但他在蒙托利欧的作品则要复杂得多，对未来的建筑发展有着重要的意义。坦比哀多（图 75—77）建于圣彼得的殉道地上，是为西班牙国王费迪南德二世和伊莎贝尔皇后［Ferdinand and Isabella of Spain］建造的。我们从塞利奥的图中可以看到，伯拉孟特的设计意图是通过整个庭院空间的组织，让这一较小的集中式教堂位于整个大的集中式的修道院回廊的正中（图 77）。这与米兰的圣沙弟乐圣母堂和礼拜堂等建筑的建造思想非常类似，而圆形神庙形式的选择也至关重要。人们往往认为，16 世纪的意大利建筑师出于对集中式建筑的热爱，积极地追随异教徒的理想；也有人认为伯拉孟特这座集中式的教堂代表了世俗的胜利。但是，所有这些说法都基于一个错误

74. 罗马，和平圣母玛利亚大教堂，回廊，伯拉孟特，1504年建成

的假设，即基督教教堂一定为十字形平面。最早的基督教教堂其实分为两种——安置殉道者遗骸的教堂和巴西利卡 [basilica]。前者基本都规模较小，且为集中式。它们往往建立在具有宗教意义的地方，比如殉道处或圣地 [the Holy Land] 本身。[17] 它们不是教区教堂，而是纪念碑。宗教集会的需要由巴西利卡承担。正如我们之前所见，巴西利卡就是伯鲁乃列斯基及其后人所采用的古典主义时期郊区教堂的平面形式。在对基督教早期和古典时代晚期建筑感兴趣的人看来，在圣彼得殉道处建造一座纪念性的小教堂只有一种可能的方案。因此，坦比哀多是圆形平面。此外，伯拉孟特试图重新创造古典主义形式，以满足当代基督教的需要。其成果是一个经典的文艺复兴盛期作品，与拉斐尔在梵蒂冈的壁画一样，所有其他的作品都会拿来与之比较。不得不提到的是，1570 年，帕拉迪奥在他的《建筑四书》中为一系列古典主义建筑和很多他自己的作品绘制了插图，而坦比哀多（图 75）则是此外唯一一座被绘制插图的当代作品。

　　虽然这座庭院并没有完全建成，但很容易就能看出，平面的同心圆和立体的同心圆柱体构成主要的几何效果。坦比哀多本身包含两个圆柱体，即一个柱廊 [peristyle] 和一个内殿 [cella]。柱廊又低又宽，内殿又高又窄。柱廊的宽度与不包括穹顶的内殿高度相同，类似的简单比例关系贯穿于整座建筑。穹顶内部和外部都为半球形 [18]，因此与内殿的高度成比例。

　　坦比哀多参考了多座古罗马建筑，其中最重要的是台伯河 [the Tiber] 边的小的圆形神庙（在 16 世纪时被认为是一座纪念维斯塔 [Vesta] 的神庙）和著名的蒂沃里的西贝尔神庙 [the Temple of Sibyl at Tivoli]。这两座建筑都有与坦比哀多相似的柱廊，但它们之间有一个重要的区别。蒂沃里的神庙以其科林斯柱式的楣板上极其丰富的装饰著名，而坦比哀多则是第一个正确使用塔斯干柱式 [the Tuscan order] 的"现代"建筑。维特鲁威曾指出，神庙必须在建筑上与其所供奉的对象相符合。换言

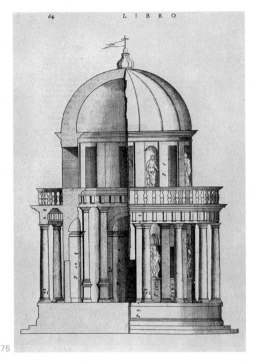

64 LIBRO

75

罗马，蒙托利欧的圣伯多禄，
坦比哀多，伯拉孟特设计，
1502年

75. 剖面和立面

76. 外部

之，供奉保持处女之身的女神的神庙应采用科林斯柱式［the Corinthian order］，而供奉赫拉克勒斯［Hercules］或战神玛尔斯［Mars］的神庙则应采用多立克柱式。阿尔伯蒂和其后的帕拉迪奥都再次提出了这一思想，从而使文艺复兴时期的建筑师对此都有一定的认识。但伯拉孟特则是将其实现并与安置殉道者遗骸的教堂相结合的第一人。他使用了古罗马的多立克柱式——塔斯干柱式，因为它对圣彼得这一人物而言是合适的。不过他也在楣板的处理上更进一步。

维斯帕先神庙［the Temple of Vespasian］楣板有一部分留存至今，其上刻有各种异教徒的献祭器具和标志。伯拉孟特在坦比哀多中使用了古罗马的花岗岩塔斯干柱式，但却创新地采用了大理石柱头和柱础。由

76

于塔斯干柱式是多立克柱式的一种，坦比哀多的楣板上也交替设有陇间壁［metope］和三陇板［triglyph］。仔细观察则可发现，虽然坦比哀多的陇间壁与维斯帕先神庙类似，刻有礼拜用的器具，但与普通的古典柱式不同，这些器具是基督教礼拜使用的器具。这些可以说最清晰地展现了伯拉孟特的建筑观，即优秀的现代建筑是从优秀的古典主义建筑中有机地发展而来的，与基督教从古代世界有机地发展而来一样。

因此，坦比哀多虽然尺度很小，但却蕴含了伯拉孟特重建圣彼得大教堂这一雄伟设计的胚芽。如果我们想要理解他的圣彼得大教堂，并通过他理解整个意大利16世纪建筑，我们必须从这一角度去理解坦比哀多。

伯拉孟特的另一件作品在世俗建筑中具有与坦比哀多相似的地位，然而不幸的是，它已于17世纪损毁，只留下了一些图纸和版画（图78、79）。不过其中两幅清晰地展示了这座建筑——通常被称作拉斐尔住宅［the House of Raphael］的外观。瓦萨里曾记录该住宅最初可能是伯拉孟特为自己设计的，但后来却由拉斐尔居住。它对16世纪府邸设计所产生的影响相当于坦比哀多对之后的集中式教堂所产生的影响。毫不夸张地说，在之后两个多世纪里，所有意大利府邸设计中都可以看到它的影子，包括那些试图抗拒其影响的府邸。我们并不清楚其建成的具体时间，它大约建于伯拉孟特职业生涯的晚期，即1512年前后。与坦比哀多相似，这座住宅基于一个古典主义建筑原型——因苏拉［insula］，即建在一排商店上的集合住宅。底层为商店、其上为住宅的建筑在古罗马为数众多，奥斯提亚［Ostia］的一些留存至今的遗迹就展现了这类建筑的风采。而我们之前所探讨的佛罗伦萨府邸建筑的演进也说明底层建商店、其上建住宅也绝非新生事物。拉斐尔住宅的创新之处在于简化和严格对称的手法。

很容易就可以看出中心轴线每侧的商店都是相同的。底层有非常明显的粗面砌筑，其上的一条光滑的石带是底层与主要层的分隔，主要层设有多立克柱式和圣龛似的窗框。整座建筑只有一种柱式，且取消了主要层以上的楼层，从而将商店部分和住宅部分的对比最大化。[19] 每个元素都与周边的元素明确地区分开：窗户及其阳台都不接触两边的柱子，也不与其下的层拱相连。所有的窗户都有完全相同的三角山花，也就是说，基本元素一旦创造出来，就可以重复。对称、相同元素的重复和清晰的功能区分等原则是伯拉孟特对府邸设计的主要贡献。

　　伯拉孟特最重要的作品都是直接在儒略二世的命令下建造的，包括圣彼得大教堂的重新规划和设计以及梵蒂冈宗座宫［the Vatican Palace］很大一部分的建造。不幸的是，他在梵蒂冈的作品绝大多数都被改得面

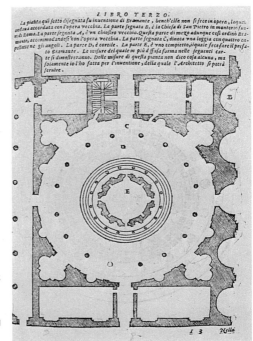

罗马，蒙托利欧的圣伯多禄，坦比哀多，伯拉孟特设计，1502年

77. 平面，展示了重塑庭院空间的意图

77

目全非，圣彼得大教堂今日的模样就与伯拉孟特原本的设计几乎毫无相似之处。伯拉孟特将宗座宫目前的主庭院——圣达马索［S. Damaso］建造为与斗兽场相似的一系列拱券，但现在为了保护拉斐尔及其学生在外拱廊中的壁画，拱券中增设了玻璃，外拱廊的开敞空间成为室内空间，这使得原有的光影效果不复存在。

与这两件作品相比，为儒略二世建造的巨大的圆形剧场则要雄伟得多。剧场有意模仿了古典主义的圆形剧场和别墅。它共有三层，从一座宫殿遗址向山上延伸至被称作观景楼［Belvedere］的小型山顶避暑别墅（图80、81）。整个方案约300码（约274.32米）长，由很长的两翼建筑构成，宫殿一侧为三层，到观景楼一侧则减为一层。两者之间设有精心设计的斜坡和楼梯，方案以通向观景楼的一堵扇形墙作为结束。观景楼在伯拉孟特着手这一设计时就已经存在，并与他设计的庭院的北部端墙以粗笨的角度相交，而他通过大型的半圆形对话室掩藏了这一角度。

罗马，拉斐尔住宅，伯拉孟特
设计，约1512年

78. 立面图
79. 帕拉迪奥绘制的图（？）

79

这个宏伟的设计并没有完工，而且还在 16 世纪中被大规模改建。随着梵蒂冈博物馆和图书馆的一部分在庭院对面建造起来，人们已经无法站在拉斐尔展室看到伯拉孟特原本设想的效果。现存的观景楼最重要的一点是伯拉孟特发明的对极长的简单墙面的处理方式。庭院两个边墙是带灰缝的石墙，石墙上平滑的拱券和壁柱之间的构成对比十分生动。壁柱成对出现，一对壁柱共用一个向外突出的柱顶楣构，但仍保持单独的柱础。每对壁柱之间设有一个圆拱，其宽度和壁柱间距的比例遵循黄金分割。因此，墙面处理与阿尔伯蒂在曼托瓦的圣安德烈亚教堂颇为相似，这两种形式也是后来的建筑师竞相模仿的对象。

　　但是，与重建圣彼得大教堂的项目相比，所有这些都黯然失色。儒略二世可以说是历史上无人能及的最伟大的雇主，不但同时雇用伯拉孟特、米开朗基罗和拉斐尔，而且让他们在能最大程度发挥各自能力的项目中工作。伯拉孟特设计的圣彼得大教堂如果能够建成，将能与米开朗基罗的西斯廷礼拜堂或拉斐尔展室相媲美，甚至能凭其宏大的构想超过这两个作品。

老的圣彼得大教堂到 15 世纪中叶时，已有 1000 多年的历史，明显处于非常糟糕的状态。尼古拉五世开始为重建歌坛建造地基，但自 1455 年他去世后，直到 1503 年儒略二世当选，工程没有任何进展。而且儒略二世最初的想法也仅仅是支撑起老的巴西利卡，只对确实有必要的部分进行重建。老的大教堂因为与第一位信仰基督教的皇帝相关，以及是圣彼得之墓，所以具有神圣的地位。因此，只有像儒略二世如此自信的教皇才敢将其完全拆毁，从而建造一座崭新的教堂。到 1505 年夏，儒略二世和伯拉孟特两人应该已经决定，以极大的、罗马风格的尺度来重建西方基督教最伟大的教堂（1453 年圣索菲亚大教堂 [Hagia Sophia] 已经落入土耳其人手中），整座教堂将如同一个由穹顶覆盖的大型空间。我们至少能从为纪念 1506 年 4 月 18 日奠基而制造的勋章以及被认为是伯拉孟特原方案的图纸（这也是唯一一幅确定由他绘制并留存至今的图纸）推断出这一点（图 82、83）。奠基勋章上的题字"TEMPI PETRI INSTAVRACIO"至关重要，因为 *instaurare*（INSTAVRACIO 的拉丁文形式——译者注）一词有"修复、复活、完成"之意，在教会拉丁语 [the Church Latin] 中也经常用作此意。这说明这项工程的意图

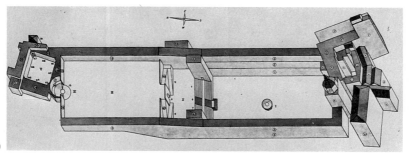

是修复这座君士坦丁的巴西利卡，而并非将其拆除并重建一座新教堂。

　　不幸的是，圣彼得大教堂的建造历史非常复杂，当时的文献并没有留存至今。我们甚至不知道伯拉孟特何时被首次委托来设计一座新的大教堂。事实上，最难解答的问题在于他似乎从未收到具体的指令，即没有像现代的建筑师那样收到在什么造价下建造一座什么尺度的建筑的任务书。需要认识到的是，无论对伯拉孟特还是对儒略二世而言，真正重要的是这座建筑的象征意义，即用一座能被 4 世纪建筑师认可为古典主义的巴西利卡来容纳使徒王子 [Prince of the Apostles] 之墓。让问题变得极其复杂的是，伯拉孟特的图纸也可能只是为了重建歌坛，增建部分可能与他在米兰的恩宠圣母教堂所做的相似。不管怎样，大家普遍认为他最初的设想是建造一座集中式建筑，而最终采用的拉丁十字形式则

80. 罗马，梵蒂冈，观景庭院[Belvedere Court]，由伯拉孟特设计，阿克曼[Ackerman]绘制的复原图

81. 罗马，梵蒂冈，观景庭院，由伯拉孟特设计，平面及立面

是司祭们强加给他的。拉丁十字确实更有利于做礼拜，特别是为巡游［procession］提供了更大的空间。几乎可以肯定的是，这些实用上的优点是当时的巴西利卡进化为拉丁十字的原因。有人认为拉丁十字平面是"宗教的"，而集中式平面则是"世俗的"、甚至是"异教徒的"，这种假设是非常错误的。也有人认为这座特殊的历史建筑的重建纯粹是建筑层面的探讨，伯拉孟特和儒略二世都试图用异教徒的形式来重建这座教堂，这种想法则是基于对意大利建筑发展、伯拉孟特的艺术和儒略二世的完全错误的理解。

伯拉孟特的圣彼得大教堂方案是从坦比哀多直接发展而来的，因为他所设计的是一个超大尺度的安置殉道者遗骸的教堂。同时，他也希望将早期基督教巴西利卡与这座安置殉道者遗骸的教堂联系起来，试图在4世纪君士坦丁的建筑师所遵循的框架下重新设计一座古罗马建筑。君士坦丁的其他建筑，如圣墓教堂［the Holy Sepulchre］和圣诞教堂［the Church of the Nativity］等，也将安置殉道者遗骸的教堂和巴西利卡相结合。此外，我们也知道对伯拉孟特那代人而言，集中式平面在数学上的完美性在神学上具有重要的象征意义——它反映了上帝的完美。对那

82

罗马，圣彼得大教堂，
伯拉孟特设计

82. 卡拉多索［Caradosso］
的奠基勋章，1506年

83. 伯拉孟特的平面
（乌菲齐美术馆，1号）

代人而言，拉丁十字教堂象征基督受难的十字架是显而易见的；但在半个多世纪之后，即特伦托会议［the Council of Trent］时期，中世纪的十字形教堂又变得更受欢迎，而这也在一定程度上促使圣彼得大教堂的设计发生改变。

伯拉孟特去世时并没有给他指定的继任者拉斐尔留下一个确定的设计。除了主墙墩的地基和连接墙墩的大型拱券，整座建筑并没有建造多少。但这两个因素却决定了现在的圣彼得大教堂的尺度，因此之后的所有总建筑师都被他的具有冒险性的观念所约束。不过，需要承认的是，由于缺乏超大尺度建筑的工作经验，他设计的墙墩完全无法承受他本要它们承担的重量。由于没有石工有任何此类项目的实际经验，所以没有人能为伯拉孟特提供指导。他的继任者们发现自己不得不不断增大墙墩，增设越来越多的拱座以承担穹顶的重量。其实，如果按照伯拉孟特原来的方案建造，穹顶将需要比现在建成的方案更多的支撑。虽然伯拉孟特没有留下确定的设计，我们仍然能基本明白他在人生末尾的设计意图，并将其与他在项目初始时的设计意图对比。

在乌菲齐美术馆所藏的伯拉孟特亲笔画的图纸和奠基勋章之外，还

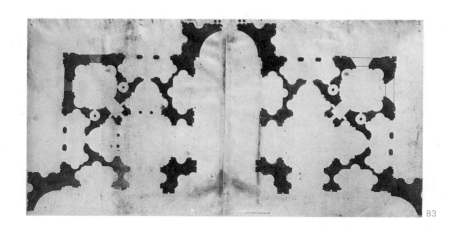

有很多与伯拉孟特的工作室相关的图纸，其中不少是出自他的助手和继任者巴尔达萨雷·佩鲁齐 [Baldassare Peruzzi] 之手，最近也新发现了很多由与圣彼得建造工场 [the Fabbrica di S. Pietro]（圣彼得建造工场是罗马天主教会负责圣彼得大教堂建造和相关事宜的机构，现在仍在运行，负责该建筑的运营——译者注）多年保持紧密关系的梅尼坎托尼奥·德·奇阿瑞利斯 [Menicantonio de' Chiarellis] 绘制的很有意思的图纸。他的绘图本（现藏于纽约的摩根图书馆 [the Morgan Library]）中有至少一张图纸（图 84），似乎能证实 16 世纪出现的一种说法，即伯拉孟特曾制作了一个木质模型（图 84）。如果这个模型真的存在，那坚持伯拉孟特没有留下确定的设计似乎过于执拗。但事实并非如此，因为我们很容易就能证明与他同时代的建筑师和合作者都搞不清楚伯拉孟特的设计意图。

84

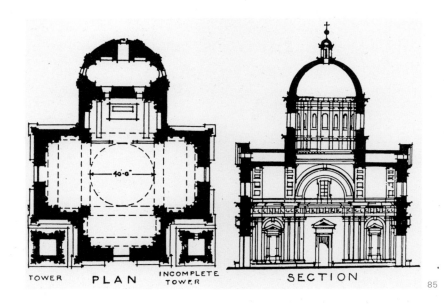

首先，乌菲齐美术馆的图纸经常被解读成图89那样的集中式平面。支持这种解读的证据包括奠基勋章和梅尼坎托尼奥的图纸，以及与圣彼得建造工场存在某种关系的朱利亚诺·达·桑加罗等建筑师们基于这一集中式平面演化而来的方案。同样有证据支持的一个观点是伯拉孟特只希望为已有的中厅增加一个后殿，就像他为圣母恩宠教堂所加的后殿那样（图70），然后他希望重建已有的中厅，从而保持拉丁十字平面。支持这一观点的证据除了圣母恩宠教堂，还有乌菲齐美术馆的图纸只有半个平面（图83），而且根据塞利奥的说法，是拉斐尔设计了拉丁十字平面的方案。塞利奥的证据尤其重要。在伯拉孟特为重建圣彼得大教

84. 罗马，圣彼得大教堂，梅尼坎托尼奥·德·奇阿瑞利斯（？）绘制的图纸
85. 蒙特普齐亚诺，圣比亚乔圣母教堂，由老安东尼奥·达·桑加罗设计，1518—1545年，平面和剖面

堂做第一个方案时，他大约30岁，可以说是与伯拉孟特同时代的建筑师，而且更重要的是，他与佩鲁齐交往多年，并继承了后者的图纸。他在自己的论著中绘制了一个集中式平面，认为其与佩鲁齐相关，也绘制了一个拉丁十字平面，认为其与拉斐尔相关。

然而，还有另外一类证据，即被认为是从伯拉孟特的某个方案发展而来的教堂。其中一些是由他设计的或直接由他监工的，另一些虽然是由与他不相关的建筑师设计的，但却明显受到他的建筑思想的影响。主要的例子包括罗马的圣比亚乔教堂［S. Biagio alla Pagnotta］、圣塞尔索与圣朱利亚诺教堂［SS. Celso e Giuliano］和圣埃洛伊教堂［S. Eligio degli Orefici］（图94），蒙特普齐亚诺的圣比亚乔圣母教堂［the Madonna di S. Biagio］（图85—87）和托迪的圣玛利亚安慰教堂［Sta

86、87. 蒙特普齐亚诺，圣比亚乔圣母教堂，老安东尼奥·达·桑加罗设计

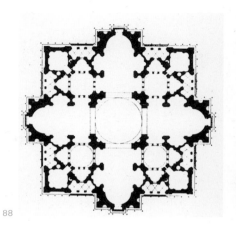

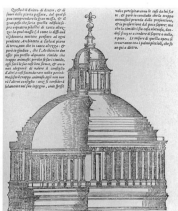

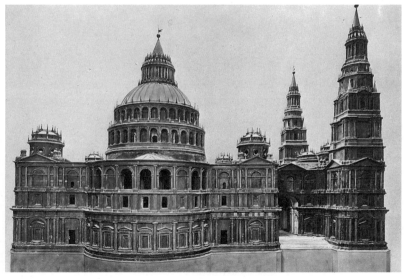

罗马，圣彼得大教堂

88. 伯拉孟特的穹顶，剖面与立面
89. 伯拉孟特的第一个平面
90. 小安东尼奥·达·桑加罗的模

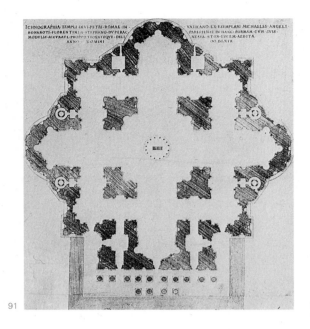

91. 米开朗基罗的平面

Maria della Consolazione]。

罗马的圣比亚乔教堂和圣塞尔索与圣朱利亚诺教堂都是伯拉孟特本人设计的，是圣彼得大教堂的前期试验，但可惜的是现存的两座教堂都不再是原本的样子了。圣塞尔索与圣朱利亚诺教堂与图89，即乌菲齐美术馆所藏的集中式平面非常相似。但它似乎也在一侧有所强调，使整个平面成为"有方向性的集中式平面[directed central plan]"，即有明确的方向性的平面。圣比亚乔教堂也与之相似，但却有一个真正的中厅。中厅长两开间，与一个由穹顶覆盖的集中式空间相连。大穹顶与中厅相连的做法至少可以追溯到佛罗伦萨的圣母百花大教堂，也出现在弗拉·焦孔多[Fra Giocondo]和朱利亚诺·达·桑加罗这两位在伯拉孟特病重及去世时（1513—1514）负责建造圣彼得大教堂的建筑师的图纸中。

圣埃洛伊教堂（图94）可能是拉斐尔和伯拉孟特一起设计的，与拉斐尔于这一时期绘制的《雅典学院》中雄伟的巴西利卡有很多相似之处。圣埃洛伊教堂由佩鲁齐完成建造，我们很难确定它对圣彼得大教堂的设计发展起到了怎样的作用（见第 145 页）；但可以确定的是，位于托斯卡纳蒙特普齐亚诺的精美的圣比亚乔圣母教堂受到了伯拉孟特关于圣彼得大教堂的想法的直接影响（图 85—87）。它是由老安东尼奥·达·桑加罗（即朱利亚诺的弟弟、小安东尼奥·达·桑加罗的叔叔）在 1518 至 1545 年间设计的。根据瓦萨里的说法，圣比亚乔圣母教堂是为发生于那里的奇迹所建造的，这也是它采用安置殉道者遗骸的教堂形式的原因。它的平面与朱利亚诺设计的位于普拉托的圣玛利亚卡瑟利教堂非常相似，但一个显著的差别是它的东端延伸成一椭圆形，而西端则以两座钟楼为标志（只有一座建成）。因此，它在布局上与基于奠基勋章对伯拉孟特圣彼得大教堂设计方案的解读（图 82）非常相似。教堂室内具有一种简单、朴素的威严感，这与圣玛利亚卡瑟利教堂以及桑加罗家族其他所有为人所知的作品都非常不同。与位于翁布里亚托迪的圣玛利亚安慰教堂进行对比，几乎可以认定圣比亚乔圣母教堂反映了伯拉孟特自身的观点。圣玛利亚安慰教堂表面上是由名不见经传的建筑师科拉·达·卡普拉洛拉 [Cola da Caprarola] 设计的，但事实上，佩鲁齐在伯拉孟特死后也参与了设计，而建筑的平面则几乎完全复制达·芬奇很多年前在米兰绘制的图纸（图 64）。我们可以从这些信息中重塑伯拉孟特关于圣彼得大教堂的设计思想的一个或两个阶段。

　　1514 年伯拉孟特去世后，拉斐尔和佩鲁齐接任总建筑师，两人都发展变化了伯拉孟特的平面，新的平面也通过塞利奥为今人所知，但他俩都没怎么主持具体的建造。1527 年由皇帝的军队发起的罗马之劫 [the Sack of Rome] 使工程建造停止了多年。荷兰画家迈尔顿·范·希姆斯柯克 [Maerten van Heemskerck]16 世纪 30 年代的绘画显示了圣彼得大教堂的大穹顶对他的震撼不亚于罗马其他的遗迹。也正是在这个时期，

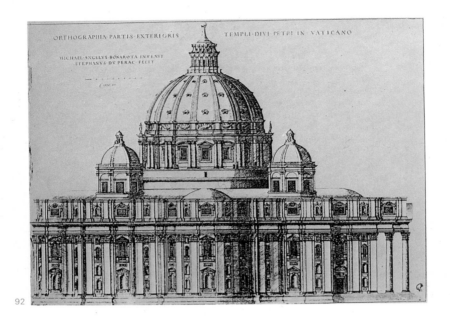

92

曾经也在伯拉孟特手下工作的小安东尼奥·达·桑加罗开始重新设计整座建筑，并对年久失修的部分进行修建。教堂中间的空间由伯拉孟特已经建造的墙墩所框定，但桑加罗大幅扩大了墙墩，并同时设计了一个很像蜂窝、更易建造的新形状的穹顶。桑加罗在人生最后几年为这一方案绘制了一张版画，并制作了一个大型木模型（图90）。由于他于1546年去世，所以方案并未执行。这是非常幸运的，因为他的模型非常清楚地说明伯拉孟特之后几任继任者们都无法以大规模的尺度思考，不得不依靠一系列折中的解决方案。因此，这一模型就是集中式平面和纵向形式的笨拙的妥协，其中纵向形式是拉斐尔在1520年之前对设计做出的

92. 罗马，圣彼得大教堂，米开朗基罗设计的外部
93. 罗马，圣彼得大教堂，建成平面

贡献。伯拉孟特在生前希望能将集中式平面的优点与拉丁十字的实用优势相结合，1547 年 1 月 1 日伯拉孟特去世 30 年后接替桑加罗出任总建筑师的米开朗基罗也深受这一思想的影响。虽然他俩一直关系不佳，但是米开朗基罗仍表达过复归伯拉孟特式平面的想法。在他所创作的平面中，他用很精妙、细致的办法将伯拉孟特的平面简化成一个集中式平面和拉丁十字的结合，并用风格主义的形式来表达（图 91）。简单而言，伯拉孟特设想的集中式平面是一个在四个直边各设有一个入口的正方形，而米开朗基罗的平面为菱形，他在一角保留方形，并使其作为主立面，并通过钝化转角和增设大门廊进行强调。相比之下，米开朗基罗削减了整体尺度，但增加了主墙墩的体积，减少了墙墩与外墙之间的开敞空间。他通过大规模的缩减和压缩，保证了建筑的稳定性，并为穹顶提供了足够的支撑，尽管他放弃了伯拉孟特的穹顶设计（图 88），并不断修改自己的方案和模型。

　　米开朗基罗以之前近40年时间里前所未见的速度推进工程的建造，1564 年他去世时，大教堂很大一部分已经建造成我们所熟知的模样，

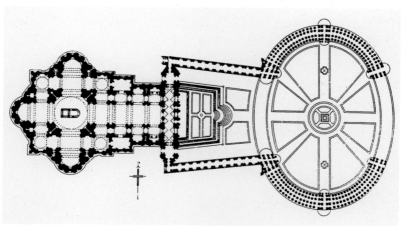

93

鼓座也建造到了穹顶起券处。穹顶是圣彼得大教堂的一个难解之题。我们知道，米开朗基罗在某一阶段曾经希望建造一个与伯拉孟特的方案类似的半球形穹顶，但会增设特别强调的肋条，与他墙面处理中的主要线条相呼应（图 92）。这一处理比伯拉孟特光滑壳体的设计更具动感，既展现了两人个性的不同，也说明了从伯拉孟特去世到米开朗基罗去世的半个世纪的时间里建筑思想的重大变化。

米开朗基罗也设计了另外一个形状略尖的穹顶方案（图 1），最终工匠所采纳的就是这一形状。与伯鲁乃列斯基的穹顶相似，尖穹顶产生的外推力较小，这在 1585 年至 1590 年贾科莫·德拉·波尔塔［Giacomo della Porta］在当时最优秀的工程师多梅尼科·丰塔纳［Domenico Fontana］的协助下建造穹顶时成了决定性的因素。与伯拉孟特不同，米开朗基罗对圣彼得大教堂的构想是动态的，我们现在从教堂的背面（图 92）依然能部分看出他试图达到的效果。与伯拉孟特的观景楼类似，教堂背面巨大的壁柱互相连接，构成了单一的垂直元素，并与穹顶的肋条相连，形成了近似哥特式的垂直效果。现在的穹顶的肋条基本上是米开朗基罗设计的，但估计比他的设计要稍微细一些，在总体效果上也更为优雅。

然而，大教堂的平面被再次彻底修改，目前的拉丁十字是卡洛·马代尔诺［Carlo Maderna］在 17 世纪前半叶修改的结果（图 93）。他不但完成了大部分的内部装饰，而且扩展并修改了米开朗基罗的平面，包括增设一个长中厅和一个增建所需要的立面。最终，由贝尼尼［Bernini］设计、于 1656 年开始建造的大广场所实现的布局以及其中带有数量可观的大型雕像的托斯卡纳式柱廊所形成的极具戏剧性的效果，使圣彼得大教堂成为巴洛克风格的杰作。

第七章 | 拉斐尔与朱利欧·罗马诺

拉斐尔可能与伯拉孟特有工作关系。伯拉孟特一认识到自己所承担的圣彼得大教堂这一任务的规模，就开始物色一个有能力的继任者。下一代所有重要的建筑师都曾经在他手下工作过，但他最终还是选择了拉斐尔。两人很有可能在 1509 年就开始紧密合作，因为拉斐尔《雅典学院》的壁画中的建筑与伯拉孟特为圣彼得大教堂最初设计的方案非常相似，一般被认为是反映了伯拉孟特的直接灵感。同年，伯拉孟特和拉斐尔共同设计了一座位于罗马的小教堂——圣埃洛伊教堂（是一个小型的希腊十字教堂，因此可能是为圣彼得大教堂所做的一个试验）。该教堂于 1514 年开始建造，可能是由佩鲁齐完成穹顶的建造。拉斐尔在 1520 年去世，享年 37 岁，因此他在圣彼得大教堂工程中负责的时间并不长，作用也相对有限。尽管如此，在他忙碌的人生最后六年中，他除了在绘画上极其高产外，也抽出时间设计了三座府邸、一座礼拜堂和一座别墅。这些建筑像他最后的几幅画一样，在某种程度上对新的建筑潮流起到了决定性的作用。换言之，无论是作为画家还是建筑师，拉斐尔都在人生最后几年中从他自己的《雅典学院》那宁静的古典主义，即伯拉孟特成熟的风格，转向更丰富、也更具戏剧性的风格，即风格主义 [Mannerism] 的开始。这在他为富有的锡耶纳银行家阿戈斯蒂诺·基吉 [Agostino Chigi] 所设计的人民圣母教堂 [Sta Maria del Popolo] 中可见一斑。人民圣母教堂比圣埃罗伊教堂在建筑上丰富得多，尽管两者的结构形式近乎相同。不过，他在罗马所建的两座府邸或许具有更重要的意义，因为两者都没有遵循他的住宅所代表的原型。维多尼-卡法雷利宫 [the Palazzo Vidoni-Caffarelli] 现在依然屹立在罗马的市中心（图 95），但经过了大规模的扩建。[20] 尽管如此，基本的元素、采用粗面砌筑

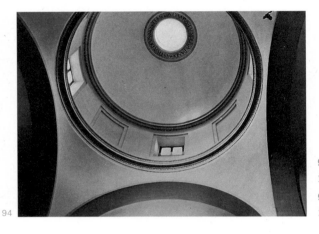

94

的底层、设有柱子的主要层和其上的阁楼层与拉斐尔住宅相比，并没有什么重大的改变。但他的下一个府邸——在他逝世前一年设计的——却完全不同。这便是只以一些图纸和一幅版画的形式记录下来的勃兰康尼·德尔阿奎拉宫［the Palazzo Branconio dell'Aquila］（图 96）。这座府邸与之前的府邸相比在本质上非常不同，对这些差异的分析则有助于我们弄清被称作风格主义的新风格的基本原则。

我们应将勃兰康尼·德尔阿奎拉宫的立面与拉斐尔住宅（图 78）相比较，这样可以看出两者的差异虽然非常微小，但却对建筑师的建筑观产生了深远的影响。首先，勃兰康尼·德尔阿奎拉宫在建筑肌理上要丰富得多，这在建筑表面装饰的数量方面表现得尤为明显。拉斐尔住宅的装饰仅仅局限于栏杆［balustrade］和窗上方的三角山花等结构构件，或仅仅只是底层的粗面砌筑和主要层的光滑墙面的材质对比。即使是后者，也可以认为这一材质对比使建筑底部看上去更为坚固，从这个角度而言也是结构性的。但勃兰康尼·德尔阿奎拉宫立面上的装饰却完全不是结构性的，这也是两座府邸最根本的不同。最重要的例子也许是立面上柱子的设置。柱子从主要层下移至底层，这本身无可厚非，毕竟也可以说这些柱子是为了支撑其上的部分。但问题是，这些柱子恰恰没有起到这一作用，因为每个柱子上对应的是一个空的壁龛［niche］。柱子给虚的部分提供很大规模的支撑，给人一种很不舒服的感觉。虽然至少有一幅记录府邸外观的图纸说明，壁龛中设有雕像，但是小小的雕像也不需要如此粗壮的多立克柱子来支撑。类似的，主要层的窗的设置以及三角山花和圆弧山花的交替成为墙面的一部分，由柱顶楣构相连，但柱顶楣构除了圣龛窗的柱子没有别的柱式支撑。主要层的设置与拉斐尔住宅中同一单元的重复对比最为鲜明。勃兰康尼·德尔阿奎拉宫的主要层通过壁龛、上有三角山花和圆弧山花的窗户和装饰性垂花饰［swag］形成了极其复杂的韵律。丰富的内容和建筑元素功能的故意倒置，如柱子不支撑任何东西，是拉斐尔生前就开始兴起、在 16 世纪之后的时间里主宰意大利各门艺术的这种风潮的重要特征。

　　风格主义这一术语发明于约 60 年前，当时伯拉孟特、职业生涯初期的拉斐尔和佩鲁齐的纯粹的古典主义风格与朱利欧·罗马诺、甚至职业生涯末期的拉斐尔和佩鲁齐所实践的风格在创作意图上的差异已显露无

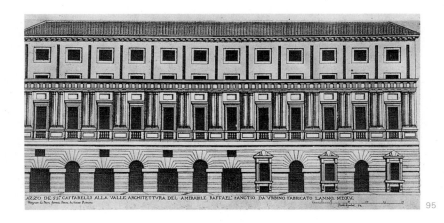

95

遗。绘画、雕塑等领域也出现了类似的趋势，这在拉斐尔晚年的作品《主显圣容》[*Transfiguration*]（藏于梵蒂冈）中可以说体现得最为明显。在三种艺术领域中，这种新的躁动不安的风格的出现要归因于一系列因素，其中最重要的包括米开朗基罗的个性，以及伯拉孟特和拉斐尔早年所实践的古典主义风格在年轻一辈看来已是一条死胡同。在他们看来，要超越已有的古典主义作品是不可能的，因此与尝试超越伯拉孟特的坦比哀多或拉斐尔的《雅典学院》相比，尝试去寻找一种不同的、更激动人心的风格更为合理。在建筑领域，简单模仿古典主义原型已变得非常容易，建筑师们认为有必要对古典主义的建筑语言进行各种试验，以找到视觉效果不亚于古罗马的新的组合形式。还有其他很多因素促进了风格主义艺术的兴起和传播：马克思主义者认为主要因素是以 1527 年罗马之劫为高潮的政治和经济危机以及 16 和 17 两个世纪分裂欧洲的宗教改革和反宗教改革。这两个因素无疑能部分解释风格主义的现象，但却不能完整地解释风格主义的全部发展过程，因为拉斐尔的《主显圣容》在他去世前就部分完成了，远早于罗马之劫，而且最精美的风格主义建筑可能要数位于曼托瓦的得特宫 [the Palazzo del Tè]，它是由朱利欧·罗马诺于 1524 年开始在一个鲜受政治动乱影响的小镇建造的。

"风格主义"这一术语的意义在于它区分出以伯拉孟特为代表的艺术家有意识地追求古典主义的和谐与以贝尼尼为代表的热烈、具有戏剧性的巴洛克风格之间的时期。完成于两个时期之间的那个世纪中的艺术作品往往是复杂的、畏葸不前的，有时甚至是非常神经质的。因此，"风格主义"这一术语必须保留下来，尽管值得注意的是，很多艺术家，如朱利欧·罗马诺，认为自己在实践古典主义风格的艺术，而他的作品很多特点也确实可以追溯到罗马帝国时期的建筑。有意思的是，16 世纪建筑师创作意图上的变化促使他们去寻找古罗马建筑中被他们的前辈所忽视的那些特征；但是我们不能因为这些建筑师欣赏罗马帝国时期的艺

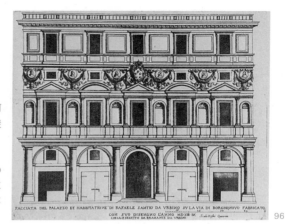

96. 罗马，勃兰康尼·德尔阿奎拉宫，按这座已毁的拉斐尔设计的建筑创作的版画

97. 罗马，斯帕达宫[Palazzo Spada]，16世纪中叶基于拉斐尔设计的勃兰康尼·德尔阿奎拉宫设计的府邸

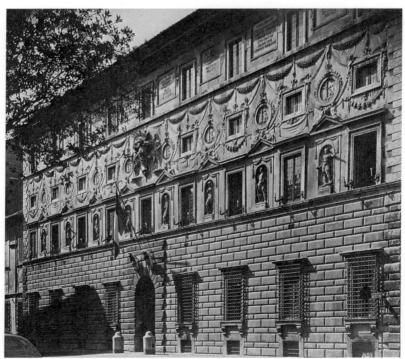

98

术中被伯拉孟特或拉斐尔忽视的东西，就认为他们不会欣赏古典主义建筑。事实几乎与此相反，因为最早的关于建筑的优秀著作，如塞利奥、帕拉迪奥、维尼奥拉等人的著作，都完成于这一时期，且都认为古典主义时期的建筑遗迹是建筑风格的基础。因此，他们可以说是直接继承了阿尔伯蒂的著作，不过这三本著作都是作为建筑师的教科书撰写的，而阿尔伯蒂的著作则是关于美学的论著。

拉斐尔也设计了位于佛罗伦萨的潘道菲尼府邸［the Palazzo Pandolfini］（图98）。它是勃兰康尼·德尔阿奎拉宫的简化版，并根据佛罗伦萨的趣味有所调整。它位于佛罗伦萨郊区圣迦尔门［the Porta S. Gallo］附近，因此不是一座城市府邸，而是一幢乡村别墅［villa］，而它也相应地做出了调整。别墅的发展在16世纪意大利建筑中有着极其

98. 佛罗伦萨，潘道菲尼府邸

重要的地位，因为它一方面承接了普林尼［Pliny］记述的古罗马人的别墅，另一方面则创建了一个直接由帕拉迪奥立下的原则发展而来的新的建筑类别（包括英格兰乡村住宅［the English country-house］）。其中最早也是最精美的一座，就是位于罗马城外马里奥山［Monte Mario］半山坡上的玛达玛别墅［the Villa Madama］（图 99—101），由拉斐尔与老安东尼奥·达·桑加罗、朱利欧·罗马诺等人于 1516 年开始建造，但一直没有建完。可以确定的是，建筑师们原本希望重建一座古典主义别墅，中间设有一个大型的圆形庭院，并利用山坡将大花园建成圆形剧场的形式。最终，这座建筑只建成了一半，因此目前呈大弧形的入口立面其实是中心圆形庭院的一半。尽管如此，按照古典主义设计的玛达玛别墅仍是一件重要的作品，因为后面的外拱廊（现已被窗封住）中的拉斐尔和他的学生们模仿尼禄［Nero］的金宫［the Golden House］完成的精美绝伦的装饰留存至今。外拱廊由三个开间构成，两端的两个开间采用四分拱顶［quadripartite vaulting］，而中间的开间采用圆拱顶［a domical vault］。其中一端（见图 100）则嵌入山坡之中，形状类似半圆形后殿，上方覆盖着装饰丰富的半穹顶［half-dome］。所有的装饰均采用浅浮雕的形式，用浓重和亮丽的颜色与耀眼的白色石膏形成对比。不难看出，玛达玛别墅对当时的建筑师而言，不但可以与尼禄的金宫相媲美，甚至在某些层面超过了金宫。从这个角度而言，朱利欧·罗马诺等年轻的艺术家，认为单纯重复这一风格毫无意义，不如追求个人创新是非常自然的。而罗马诺在得特宫中确实就是这么做的。

朱利欧·罗马诺从他的名字可以看出，出生于罗马，也是几个世纪以来第一个出生于罗马的大艺术家。他是拉斐尔的学生和艺术执行者；他可能非常早熟，因为他可能 1499 年才出生，[21] 而他最迟在 1520 年之前几年就已经是拉斐尔的主要助手，完成了拉斐尔生前最后几幅位于梵蒂冈的壁画和包括《主显圣容》《橡树下的圣家族》［the Holy Family

99

100

罗马，玛达玛别墅，由拉斐尔、老安东尼奥·达·桑加罗、朱利欧·罗马诺等人设计，约1516年开始建造

99. 立面

100. 外拱廊

101. 平面

under the Oak Tree] 等画作中很大一部分的绘制工作。不过，需要指出的是，无论拉斐尔因为为数众多的委托任务受到了多大的压力，也不会允许朱利欧·罗马诺擅自改变拉斐尔工作室的基本风格，除非他本人确实希望这样改变自己的风格。1520 年，拉斐尔去世后不久，朱利欧·罗马诺便接到委托来完成拉斐尔在梵蒂冈的几幅壁画，估计也指导了包括《主显圣容》在内的杰出油画作品的绘制。他一直在罗马待到 1524 年，在这四年中他也承担了建筑师的工作，因为他被认为是罗马的两座府邸——齐契阿波尔琪府邸 [the Palazzo Cicciaporci] 和马嘎拉尼府邸 [the Palazzo Maccarani] 的建筑师。

朱利欧·罗马诺于 1524 年来到曼托瓦，为费德里科·贡萨加公爵 [the Duke, Federigo Gonzaga] 工作，直到 1546 年去世。得特宫无疑是他的杰作。它于 1526 年 11 月开始建造，于 1534 年左右完成（图 102—107）。与玛达玛别墅类似，它也是古典主义的郊区别墅 [*villa suburbana*][22] 的再创造。曼托瓦城中的宫殿规模宏大，但费德里科·贡萨加有一个非常著名的马厩，他决定在城外建造一座带有美丽花园的别墅作为马场的总部和炎炎夏日白天的避暑之地。别墅不设卧室，因为它距贡萨加宫只有约一英里的距离。平面遵循古罗马别墅的典型布局，即建筑用四个很长、不高的部分将方形庭院围在中间。乍一看，入口立面

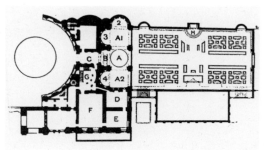

101

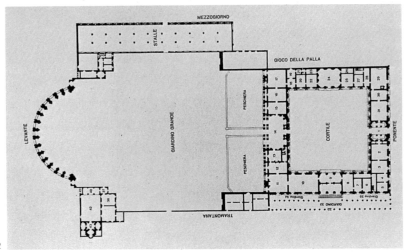

102

曼托瓦，得特宫，朱利欧·罗马诺，约1526—1534年，平面

（图 103）的外观就证实了这一点；但恰恰是在这里，人们开始认识到得特宫并不是一座简单的建筑，虽然它看上去是座直截了当的古典主义别墅，但事实上却布局复杂。首先，它的平面（图 102）并不遵循对称布局的原则，因为建筑的四翼各不相同，而花园和建筑朝向花园的部分的轴线通向侧门，主入口的轴线却与花园轴线相垂直。或许有人会认为这是由地段的需要所决定的，但仔细观察下来就会发现整座建筑充满了意外和矛盾，显然是为了迎合高度复杂的趣味而故意为之。朱利欧·罗马诺故意不遵循绝大多数既定的建筑原则，从而带给博学的参观者一种既高兴又恐惧的快感。建筑的主入口立面也再次体现了这一点。它应与建筑的西立面（图 104）对比来看，而这两者又应与面向花园的立面对比来看：一个部分的元素在其他两个部分中重复，但又发生了变化。

主入口部分是一个又长又低的体块，立面中间为三个相同的拱券，

102. 曼托瓦，得特宫，朱利欧·罗马诺，约1526—1534年，平面

两旁对称地各设有四个带窗的开间。墙面经过粗面砌筑，塔斯干式的壁柱支撑着雕刻丰富的柱顶楣构。壁柱四分之三高度处设有一处层拱，作为阁楼窗户的窗台。人们首先会注意到的是层拱与壁柱的表面相平，形成阁楼窗户的窗台，并与主楼层窗户的拱心石相接。换言之，与伯拉孟特花工夫将各个元素清晰地分开不同，在这座建筑中朱利欧·罗马诺却故意将墙面样式中的各个元素拼合起来。再仔细一看，人们则会发现更奇怪的地方：各组壁柱的间距并不相等。入口拱券右侧的第一个开间较宽，左侧的第一个开间不但要窄一些，而且窗户还不在正中。或许有人会认为这是设计师不小心犯了个错误，然而如此训练有素的建筑师会在如此重要的建筑中犯这样一个错误，非常奇怪。其次，我们看到三个入口开间两侧分别有三个带窗的开间，然后用一对壁柱和嵌在壁柱中间的光滑墙面上的小壁龛作为韵律的停顿，之后为正常的带窗开间，最后以一对壁柱收尾。因此，从入口正中的拱券开始向外，立面的韵律为 AABBB-CB，最后一个 B 之所以与其他的 B 不同是因为它的一侧为双壁柱。由此可以看出，立面的设计非常细致，故意追求不对称。但是，只有移步西翼，才能真正理解这座建筑的复杂。西翼的立面采取了与主立面相似却不相同的表达形式，入口只有一个拱券，两侧为设有小壁龛的开间。更微妙的是，建筑师似乎期待着人们在来到花园中时，仍能记住外部立面的基本形式，从而与面向花园的立面（图 106）相对比。这一立面也围绕位于正中的三个大拱券布置，但墙面的材质却有所不同，只在跨越目前已经不幸干涸的护城河的桥面之下的墙面采用粗面砌筑。主要层墙面平整光滑，不设阁楼，通过一系列由墙墩和柱子支撑的韵律复杂的圆拱形成了完全不同的肌理效果。正中的大拱券通过其上的三角山花进一步强调。如果将入口立面与花园立面相比较，我们可以看到两者的正中都有三个拱券，两侧各有三个带窗的开间，然后是一个奇怪的带壁龛的小开间，将三个带主窗开间与重复这三个开间的形式的最后一个开间隔开。

103

曼托瓦，得特宫　朱利欧·罗马诺，
约1526—1534年

103. 主立面
104. 边门
105. 庭院内部立面（部分）
106. 花园立面
107. 门廊，望向花园

105

104

107

106

108. 曼托瓦，贡萨加宫，展览庭院[Cortile della Mostra]，朱利欧·罗马诺设计
109. 曼托瓦，朱利欧·罗马诺住宅，16世纪40年代

因此，两个乍看非常不同的立面却有着相同的主题。毫无疑问，建筑师是有意而为之，希望给观者带来音乐主题变奏般的乐趣。让我们想象护城河中清波荡漾，在意大利的骄阳下，水面会将阳光反射到面朝花园的窗户上方微微外凸的拱券中。由此可以想见，朱利欧·罗马诺的建筑创作是多么细致。这在得特宫的其他方面也有体现，比如花园立面的拱券（图107）的精确表达。四根大柱支撑花园立面的主要拱券，给人以可观的重量获得了强有力的支撑的效果，从而使与玛达玛别墅相似的门廊的拱券和拱顶看上去能胜任其职，且布局对称、和谐。中间的组合设有柱子，而两端则既有柱子又有墙墩。带窗的小开间则在布局上更为复杂，因为整个立面的布局基于帕拉迪奥[23]母题［a Palladian motive］，即一个由柱子支撑的半圆形拱和两侧由柱顶楣构和另一根柱子形成的矩形开口的组

合。帕拉迪奥母题的名称虽然广为采用，但却是错误的。离主入口最近的带窗开间和第二个带窗开间都采用了这一母题。但第三个带窗开间却采用由方墙墩、而非柱子支撑的圆拱，边窗则被省略。然后是一个带壁龛的小开间，最后一个拱券重复了第三个带窗开间的形式。与主入口立面相比，花园立面的开间布置更为复杂，从正中往外形成AABBCDC。事实上，得特宫处处都能见到这种复杂性，这也是它为什么一建完就非常著名，并一直被认为是朱利欧·罗马诺的杰作。

得特宫还有两点值得注意。首先，内部庭院（图105）的各个立面与所有外部立面都不精确对应，而是有自己的韵律和变化。更奇怪的是，一些细节的处理虽然在我们看来并没有那么触目惊心，但是对当时的建筑师而言想必是非常怪异，它们也是风格主义的基本要素。一些窗户拱券的拱心石看上去像是从拱券中滑了下来，因此与拱券中的拱心石一般试图营造的稳定感相矛盾。这种不安全的感觉在内庭的柱顶楣构中更为明显。帕拉迪奥将一些陇间柱处理成看上去像是下滑到了墙内的样子（图105），从而给观者带来一种很不安的感觉。这些故意营造的不适感一般被认为是风格主义艺术的标志，它与伯拉孟特建筑的宁静以及巴洛克的热情和自信形成了对比。

得特宫第二个重要特点也再次确认了这一点。得特宫的内部装饰大部分是由朱利欧·罗马诺和他的一些学生完成的，其中一些完成得极其精美，可与其原型玛达玛别墅相媲美。但是，得特宫最重要的内部装饰，即巨人的房间 [Room of the Giants]，则风格特别，完成得颇为粗糙。房间中的壁画绝大多数完成于1532年3月至1534年7月。瓦萨里曾在朱利欧·罗马诺的陪伴下参观了这一非同寻常的房间，并对房间进行了完整地记述。简言之，这是一个几乎没有光的小房间，其中地面、墙壁和天花板的边角都被弱化了，并通过画让人分不清哪里是墙的尽端，哪里是天花板的开始。这些画本身也相当出色。整个天花板上画有一个漂浮且明显是暂时静止在宇宙中的圆形神庙，人们抬头便能看到神的议会［the Assembly of the Gods］以及向地球发射雷霆的朱庇特。人们发现自己处于一团混乱之中，身边都是起来反抗奥林匹斯神族的巨人们，而他们正在遭受天花板上的众神的攻击，众神向他们扔来巨大的石块和建筑。朱利欧·罗马诺通过从拉斐尔那里掌握的错觉和透视手法很好地提升了这一让人不悦的场景。在这幅画中，他向该领域最著名的前辈曼特尼亚发起挑战。曼特尼亚最优秀的采用错觉手法的作品是贡萨加宫的婚礼堂。罗马诺的作品和曼特尼亚的作品之间的不同来自于两个艺术家的创作意图。曼特尼亚的错觉迷人、无忧无虑、以假乱真；而朱利欧·罗马诺的错觉手法的目的是让观者感到恐惧，同时展现艺术家精湛的技艺。下面引自瓦萨里的这段话就能说明这一点，我们需要注意的是瓦萨里这里是在重复朱利欧·罗马诺自己的解释：

　　此外，通过黑暗的洞穴中的一个开口，可以看到凭借对美的高超的判断所画的远景，很多飞翔的巨人被朱庇特的雷霆击中，似乎与其他神一样被崩塌的山所震慑。在其他一个地方，朱利欧·罗马诺描画了其他巨人被坍塌的神庙、巨柱和其他建筑打中，遭到大规模的屠杀和毁灭。房间的壁炉正好立在这些坍塌的残垣断壁中，生火时看去就像巨人正在被燃烧。冥王也画在此处，他正坐在由瘦马拉着的车上，在地狱的鬼魂［the Furies of Hell］的陪伴下飞向正中。就这样，朱利欧·罗马诺在没有背离故事主题的情况下，通过对火的创作，为壁炉做了最美的装饰。

　　另外，为了让这一作品显得更加可怕，朱利欧·罗马诺表现了体型巨大、身形奇特的巨人以各种形式被闪电和雷霆击中，正在掉向地球；其中一些在前景中，另外一些在背景中，一些死了，一些受伤了，一些则压在山和残垣断壁之下。就这样，他让人们觉得不会再见到比这更惊悚恐怖或更自然的画作了。人们进入这个房间，看到窗、门等等，就会感到所有一切都错了，似乎都要倒塌，山和建筑正在往下掉，因此只会感到恐惧，害怕所有东西都会掉到自己身上，更重要的是他看到天堂中的众神都向这里或那里飞驰。这一作品更精彩的地方在于，它没有开始，也没有结束，如此精彩地连接起来，没有任何的分隔或装饰上的划分，近处的物体显得很大，远处的景观则向后退至无穷。虽然宽度不超过 30 英尺（约 9.144 米），但是却让人能看到野外之景。而且，房间的地面是用小圆石侧砌的，竖直墙面的底部则绘有相似的石头，这消解了地面和墙面交接的锐角，给水平地面以浩瀚之感，这是朱利欧·罗马诺凭借很好的判断力和美丽的技巧实现的，我们的工匠也因这些发明对他感激不尽。

朱利欧·罗马诺的其他作品也大多位于曼托瓦，包括曼托瓦大教堂、贡萨加宫（图 108）和极其重要的他的住宅（图 109）。他的住宅建于 1546 年他去世前不久，它的重要性主要在于他在完成这一作品时没有任何外在压力。他是费德里科·贡萨加公爵喜爱的艺术家，而且从住宅的规模来看明显也非常富裕。住宅的立面可以说是对伯拉孟特的拉斐尔住宅（图 78）的戏仿。层拱在正中向上高起，形成一种不完整的山花，并将其下较扁的拱券的拱心石下压，故意翻转伯拉孟特的设计思想。同样的，怪异的窗框硬塞入有些太小的拱券中，上面覆盖着一条装饰繁复、没有柱子支撑的柱顶楣构。这些悖理的做法在 16 世纪初可以说是不可思议的，但到 16 世纪 40 年代已经被认为是机智风趣的。这一点本身就能说明最优秀的风格主义建筑的珍贵性，而这或许也解释了为什么这一风格在建筑史学家中要比在普通大众中更受欢迎。

第八章 | 佩鲁齐和小安东尼奥·达·桑加罗

巴尔达萨雷·佩鲁齐与拉斐尔和朱利欧·罗马诺一样，是伯拉孟特圈子中一个重要的成员。他是一名来自锡耶纳的画家和建筑师，1481年出生，1503年来到罗马，1536年在罗马逝世。根据瓦萨里对他的描述，他最主要是因复兴了曾长期失传的舞台设计艺术在同代人中著名，与此相关的，他也是一位透视大师。他有几百幅画作流传至今，这些画作大多藏于佛罗伦萨和锡耶纳，但他的个性却仍然成谜。最容易让人记住的或许是他曾是伯拉孟特的主要助手，也是塞利奥的师傅。我们知道，塞利奥在他的著作中大量使用了佩鲁齐的图纸；我们也知道，伯拉孟特和佩鲁齐都撰写了自己的著作，但并没有流传至今。因此，塞利奥的书是关于佩鲁齐和伯拉孟特的一个重要的信息来源，不过在此之外，佩鲁齐有很多绘画和两座瓦萨里认为是他设计的建筑流传至今。

这两座建筑中较早的一座是位于罗马台伯河边的法尔内塞纳别墅[the Villa Farnesina]（图110—112）。它于1509年开始建造，1511年完工。建筑相对较小，但却很重要，因为它是由中间体块和伸出的侧翼构成的这种别墅类型的一个较早的案例。它要远早于玛达玛别墅，而且看上去更像是一座15世纪而非16世纪的建筑。这座建筑的雇主是锡耶纳的银行家阿戈斯蒂诺·基吉，就是之后聘用拉斐尔装饰基吉礼拜堂[the Chigi Chapel]的那位。这座建筑应该是做郊区别墅之用。建筑外部的效果现在已经发生了很大的变化，底层入口的五个开间都用玻璃封住了，因此没有了原来的虚实对比。不过这是必要的，因为入口外拱廊中有拉斐尔及其弟子绘制的精美的以丘比特与普绪克为主题的系列壁画。立面另外一个变化是，现在的素墙上原本有壁画装饰，但已在日晒雨淋下褪

110

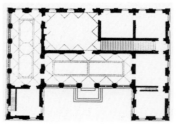

111

112

罗马，法尔内塞
纳别墅，
佩鲁齐设计，
1509—1511年

110. 立面版画

111. 平面

112. 透视厅中
的壁画

去了颜色。这也解释了为什么墙面光秃秃的，但屋檐下的模制楣板却有极其丰富的装饰：既有天使和垂花饰，又有镶嵌其中的小阁楼窗。法尔内塞纳别墅的简单让人回想起弗朗切斯科·迪·乔尔吉奥（他很有可能是佩鲁齐的师傅），而侧翼端头由壁柱划分为两个而非三个开间，则是它看上去略显过时的原因。

佩鲁齐也是被聘为创作室内装饰的众多画家之一。他在二层的被称作透视厅［Sala delle Prospettive］的大房间中的创作（图 112）让我们理解为什么与他同代的人们会对他作为舞台设计师的错觉技巧有如此高的热情。他用错觉手法画出的柱廊外的罗马城的景色几乎可以以假乱真。

法尔内塞纳别墅完工之后的九年中，佩鲁齐首先与伯拉孟特，然后与拉斐尔，参与圣彼得大教堂的工作。他留下了几十张图纸，但也留下了很多疑问，因为谁也不能确定这些图纸到底反映了谁的想法。1520 年，在拉斐尔英年早逝后，佩鲁齐被任命为工程总管［Head of the Works］，但工程也没有什么进展。1527 年，他在罗马之劫中被捕，此后多年各种工程建造都停滞了。他幸运地逃到锡耶纳，在那里工作了一段时间，然后再回到罗马，并于 1530 年被任命为圣彼得大教堂的总建筑师。不过，他直到 1535 年 3 月才定居罗马，次年 1 月 6 日便在那里去世。

精确地列出这些日期是重要的，因为他最后也是最伟大的一件作品，即他为彼得罗·马西米［Pietro Massimi］和安吉洛·马西米［Angelo Massimi］在罗马所建的宫殿（图 113—115），可以肯定是在佩鲁齐去世后完工的，而且不可能早于 1532 年，可能直到 1535 年才开始建造。这一作品往往被认为是早期风格主义的一个案例，因此我们需要认识到它其实比得特宫和拉斐尔在罗马的府邸完成得晚一些。

马西米府邸［the Palazzo Massimi］建造在马西米家族在罗马之劫中被烧毁的府邸的旧址上。当时，一些相对不那么重要的建筑仍有部分未被烧毁，佩鲁齐被委托在这块不规则的场地上尽可能利用已有建筑，为两兄弟建造两座府邸。府邸的平面（图 113）充分证明了他的建筑功力。他在这块非常尴尬的场地中放入数量众多的全是方形的会客厅[state rooms]，并且形成沿主轴对称的布局。从平面上可以看到，主轴都不是笔直的，不过人们在实际的建筑中不会感觉到这一点。平面右边的彼得罗·马西米的府邸，立面（图 114）更为宏大；左边的是安吉洛的府邸，建造得更为简朴。从平面上，我们也可以看到为了充分利用场地，府邸采用了弧形的立面，这在当时可谓是独一无二的。人们很难好好地欣赏立面，因为府邸所在的马路为弧形，而且位于丁字路口的对面，没有足够的空间让观者退到足够远处看整个立面，这也许是为什么两个府邸的立面采用不同的处理方式的原因。彼得罗·马西米府邸的立面含有风格主义的元素。立面布局大致遵循伯拉孟特的风格，厚重的底层与主要层和阁楼层之间用醒目的檐口[cornice]分隔。与拉斐尔的勃兰康尼·德尔阿奎拉宫相似，柱子从二层移到了底层，而整个立面都采用粗面砌筑。柱子也在佩鲁齐的安排下具有交替的韵律。带窗的开间两边各设有一根壁柱；然后是一个一边为壁柱、一边为完整的柱子的开间；入口外拱廊的中轴上和两边的开间则均有一对完整的柱子。立面布局严格对称。在立柱檐口之上还有第二条石带，串起了各个向外突出的窗台，从而强调了在高度三分之一处贯穿整个府邸的水平横带。不过，这个立面真正的不同之处在于这层石带之上粗面砌筑的墙面被主要层的大窗和两排尺寸相同的阁楼层的窗户分成三个部分。这与离屋顶越近的窗户尺寸越小的传统做法不同，使府邸上部看上去略显诡异。之后，塞利奥将阁楼窗户的装饰外框发展成了带状装饰[strapwork]，在 16 世纪和 17 世纪风靡欧洲北部。

　　两座府邸的主庭院都按照古罗马的中庭[atrium]设计，这部分是因为马西米家族标榜自己是伟大的古罗马人费比乌斯·马克西姆斯

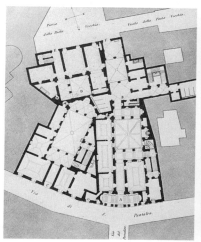

113

114

115

罗马，马西米圆柱府邸，佩鲁齐设计，1532/1535年开始建造

113. 平面　　**114.** 庭院　　**115.** 立面

[Fabius Maximus]的后代，因此急切希望自己的府邸能尽可能地"古朴"。佩鲁齐凭借高超的技术解决了庭院布局的难题。彼得罗·马西米府邸的照片（图115）显示，底层的柱式上采用了设有开口的拱顶[pierced vaulting]，这不但为庭院的拱廊提供了采光，而且大大减少了底层和二层拱廊高度的差别。这一透视技巧不愧是出自绘制透视厅的画家之手，它让我们相信两层的高度几乎完全相同。二层的拱廊装饰非常繁复，也与主要层的地位相称。

与佩鲁齐的马西米府邸差不多时间建成的最重要的一座府邸是小安东尼奥·达·桑加罗设计的规模巨大的法尔内塞宫[the Palazzo Farnese]。小安东尼奥·达·桑加罗是建筑师朱利亚诺·达·桑加罗和大安东尼奥·达·桑加罗的侄子，他在20岁时，约1503年，即到罗马，之前由两位叔叔指导。他1546年在罗马去世，一生大部分时间都在为圣彼得大教堂工作，一开始是伯拉孟特的助手和绘图匠，在晚年时则成为总负责，负责制作的木模型（图90）留存至今。小安东尼奥·达·桑加罗最早期的作品之一是位于罗马的巴尔达西尼府邸[the Palazzo Baldassini]。这座1503年左右建造的府邸已经展现出他雄伟但缺乏想象力的风格。他远不及估计曾与他在伯拉孟特手下一起工作的佩鲁齐敏感，但却对简单而雄伟的石造建筑很有感觉，可能是继承自他的叔叔大安东尼奥·达·桑加罗。此外，他虽然对古罗马建筑很有热情，但认识却不怎么深刻，经常随意使用斗兽场或马切罗剧场中的母题。有可能米开朗基罗之所以如此不喜欢他，就是因为他平庸的眼界。两人的差别不仅见于米开朗基罗对小安东尼奥·达·桑加罗圣彼得大教堂的设计的大幅修改，也见于小安东尼奥·达·桑加罗无可争议的杰作——法尔内塞宫。

小安东尼奥·达·桑加罗很早就开始为枢机主教法尔内塞[Cardinal Farnese]服务，并于1513年左右开始为他设计府邸。项目进展得颇为缓慢，但是，枢机主教法尔内塞在1534年成为教皇保罗三世[Paul III]后，

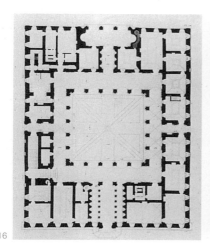

整个设计（图116）被大幅扩大和修改。府邸成为不太受欢迎的新富法尔内塞家族的总部，小安东尼奥·达·桑加罗直到1546年去世前一直在设计这个宏大的建筑。保罗三世为屋顶檐口的设计举办了竞赛，让小安东尼奥·达·桑加罗颇为屈辱的是，最终被采用的是米开朗基罗的方案。事实上，米开朗基罗在小安东尼奥·达·桑加罗死后不久完成了府邸绝大部分的建造，当然也对原来的设计做出了不少修改。

　　府邸至今是罗马最大最雄伟的王侯府邸。[24] 它占据了大广场的一个整边，由一个很大的峭壁一般的体块构成，主立面（图118）高近100英尺（约30.48米），长近200英尺（约60.96米）。府邸的平面展现出佛罗伦萨的而非罗马的特点，因为它由一个围绕正方形中央庭院展开的近似正方形的独立体块构成。府邸后部的大部分，包括能看到台伯河

罗马，法尔内塞宫，小安东尼奥·达·桑加罗和米开朗基罗设计，
1513年开始建造，1534—1546年扩建

116. 平面　　　**117.** 入口门廊

118

119

120

118. 立面
119. 小桑加罗设计方案的复原图
120. 庭院

的大拱廊，都是在 16 世纪末完成的。但是，相比佩鲁齐同期的马西米宫，主立面在思想上与佛罗伦萨的皮蒂宫更为接近。小安东尼奥·达·桑加罗并没有试图用粗面砌筑的底层和其上的柱式来分隔如此之大的墙面。与 15 世纪佛罗伦萨的皮蒂宫相同，立面的肌理一部分是由位于角部、向上逐渐减小的粗面转角石［quoins］以及开窗的设置形成的。楼层之间的分隔采用醒目的水平檐口和贯穿窗口阳台、位于窗户两边小柱的柱础高度的石带。平整的石墙上设置圣龛窗的设计来自于小安东尼奥·达·桑加罗，但米开朗基罗在主立面上留下了两个很具个人特色的痕迹。首先是明显外凸的屋顶檐口，细节非常古典主义，要比小安东尼奥·达·桑加罗原本的设计高几英尺，从而使顶层看上去没有被压扁的感觉。更典型的是米开朗基罗对正中大窗的处理，窗的上方是法尔内塞家族的纹章，下面就是主入口粗面砌筑的拱门。在这座府邸中，主窗通过缩减尺度和明显退入墙内加以强调。我们之后会看到，这种倒置的强调方式是非常典型的米开朗基罗式的风格主义手法。单拱券入口后是一个很窄但却让人印象深刻的入口通道（图 117），通道用古典主义的大理石柱将中间的车道和两边的人行道分开。这浓重的古典主义风格肯定来自于小安东尼奥·达·桑加罗，人们大多认为取材于马切罗剧场。庭院则明显是由马切罗剧场和斗兽场发展而来，由一系列相互叠加的拱廊构成。一层和二层就是简单的拱廊，可以确定是小安东尼奥·达·桑加罗的设计；顶楼既不简单，也不是一个拱廊，极其复杂，显然是米开朗基罗的作品。最有可能的情景是，小安东尼奥·达·桑加罗原本的设计（图 119）为三层拱廊，拱券由墙墩支撑，并附有多立克、爱奥尼和科林斯柱式作为装饰母题。但后来需要将上面两层的拱券封住，目前我们看到的顶层（图 120）明显是由米开朗基罗设计和监督建造的。他可能还设计了爱奥尼柱式上很不正统的楣板以及二层被封住的拱券内的窗框。现在，我们会在这座建筑的一两处看到阳台被墙封上、原本的开敞拱廊被封上了窗户的情况。法尔内塞宫自然要比马西米府邸规模更大，更金碧辉煌，不过两座府邸都显示了建筑师尽量重塑古典主义建筑的意图。佩鲁齐的建筑更具创新性，而小安东尼奥·达·桑加罗的建筑则属于典型的被广泛接受的学院派建筑，其规则可以被教授。这种规则其实是一种建筑语法，一直延续到 19 世纪。比如，蓓尔美尔街 [Pall Mall] 的改革俱乐部 [the Reform Club]、肯辛顿的维多利亚联排住宅等伦敦建筑中的圣龛窗就是从法尔内塞宫继承而来。这种简单却缺乏想象力的建筑却很值得作为建筑教育的基础，小安东尼奥·达·桑加罗有时受到了不正确的指责。米开朗基罗之所以不喜欢这个佛罗伦萨人，有多方面的原因，其中一个是他怀疑小安东尼奥·达·桑加罗通过建造圣彼得大教堂大谋私利。不过，米开朗基罗抨击他所称的"桑加罗帮"[Sangallo gang]无聊沉闷、缺乏想象力，倒确实是有坚实基础的。而米开朗基罗的建筑也正是因为极具想象力，才成为无可争议的优秀之作。但同时，他的作品也试图故意让同辈的建筑师感到惊讶甚至震惊，或许也使其中一些建筑师误入歧途。米开朗基罗作为一名建筑师是一个创新者，也无疑是风格主义最伟大的拥护者，因此他的建筑作品值得用单独的一章来介绍。

第九章 | 米开朗基罗

米开朗基罗·布奥纳罗蒂 [Michelangelo Buonarotti] 于 1475 年出生，于 1564 年去世。在非常漫长的一生中，他在绘画、雕塑和建筑领域里都成为世界上无人能比的伟大艺术家。除此之外，他还写下了最优美的意大利语诗歌。虽然他的个性非常难相处，但他依然是当时几乎所有年轻艺术家崇拜的对象。而他对主的虔诚也成为当时艺术家的话题。比如，他是耶稣会 [the Society of Jesus] 创始人圣依纳爵·罗耀拉 [St Ignatius Loyola] 的朋友。尽管他一直声称自己只是一个雕塑家，但是他很快就被要求为西斯廷礼拜堂的拱顶绘制大型天顶画，并从儒略二世陵墓开始涉足建筑设计。教皇的继任者总是交给米开朗基罗一些更紧急、优先权更高的项目，多次打断儒略二世陵墓的设计。这其中就包括佛罗伦萨的美第奇家族委托的圣洛伦佐教堂项目，该项目从伯鲁乃列斯基的教堂设计立面开始，后来增加到新建美第奇礼拜堂或新圣器室，以平衡伯鲁乃列斯基的老圣器室，以及新建劳伦齐阿纳图书馆 [the Biblioteca Laurenziana] 作为圣洛伦佐修道院的一部分。瓦萨里对米开朗基罗为这些问题提出的解决方案做出了最好的陈述，他曾在 1525 年作为一个 14 岁的少年被带到佛罗伦萨，并在米开朗基罗门下学习。很多年后，他为米开朗基罗的圣洛伦佐教堂设计写下了以下文字：

> 他希望模仿菲利波·伯鲁乃列斯基的旧圣器室，但用另一种装饰，于是采用了一种混合的装饰，形式要比新旧任何时代的大师都要变化更多、更具独创性。美丽的檐口、柱头、柱础、大门、圣龛、陵墓等都独具一格，与那些受尺寸、柱式和规则约束的作品截然不

同。别的建筑师遵循通常的做法，模仿维特鲁威和古代遗迹，而他却完全不遵循。他的不拘一格给那些看到过他的做法的建筑师很大的模仿他的勇气，新的幻想般的作品中的装饰更多是奇形怪状的，而不再是理性的、遵循规则的。因此，工匠们要永远地感谢米开朗基罗，因为是他破除了所有他们一直以来遵循的做法上的限制和约束。之后，在同样的地方，即圣洛伦佐教堂的图书馆中，他通过布局优美的窗户、带纹样的天花板和精彩的门厅或设防区域 [ricetto]，更清晰地展示了他的方法。无论是整体还是局部，无论是支柱、圣龛、檐口还是楼梯，都展现出前所未见的优雅风格。他对台阶的外形做出了如此奇特的突破，大大地偏离了其他人常规的做法，让所有人都大为惊奇。

米开朗基罗最初于 1516 年接到委托，要为圣洛伦佐教堂设计一个立面。项目最终落空，他也浪费了好几年的时间，但留存至今的描述、图纸和一个木模型（图 121）让我们对设计仍有较好的了解。大家普遍认为木模型并不代表米开朗基罗最后的设计，但却大体表现了他的设计意图。从模型可以看出，他想设计一个能陈列大量雕塑的大型主立面，而不是一个用建筑语言表现伯鲁乃列斯基的建筑形状的立面。"建筑是雕塑的延续"是米开朗基罗建筑的核心概念，而圣洛伦佐教堂中的美第奇礼拜堂则非常清晰地展现了这一点。建造礼拜堂的目的是纪念美第奇家族的多位成员，而设计也基于为他们提供一个陵墓或丧葬用的礼拜堂的目的发展而来。要真正理解这一从未完工的设计，需要把逝者、美第奇家族的守护圣人、圣母和圣子等雕塑和建筑本身作为一个整体，并站在祭坛后（图 122）望向礼拜堂尽端圣母像放置处观赏。已经建成的洛伦佐和朱利亚诺·德·美第奇坟墓则分别代表了沉思者 [the Contemplative] 和运动的生命 [the Active Life]。沉思者洛伦佐手撑着

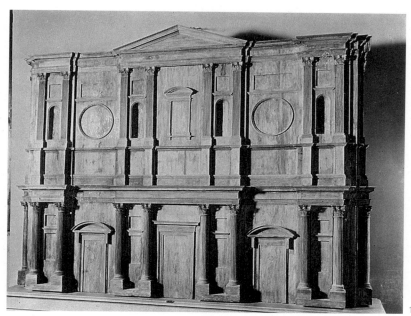

121

头，望向圣母；而朱利亚诺则以更具动感的姿势也望向圣母。两人的雕塑都摆放在象征性的石棺上，而每个石棺上都有两个斜倚着的塑像。洛伦佐的雕塑旁是象征黎明和象征黄昏的塑像，而朱利亚诺的雕塑旁则是象征白天和象征黑夜这两个更具动感形态的塑像（图124）。在原来的设计中，地面上还应有两个斜倚的塑像。这可以消除现在这种塑像要从石棺顶滑落的感觉，而形成一个以逝去的美第奇家族成员的塑像为顶点的强有力的三角构图。从建筑布局而言，坟墓分成竖向三个部分。边上的开间内部都有空壁龛，上面则有大的片段式的山花。中央开间中的人像通过负强调［negative emphasis］的方式成为中心：两边用成对的壁

121. 佛罗伦萨，圣洛伦佐教堂，立面木模型，被认为是米开朗基罗所作

122

123

佛罗伦萨，圣洛伦佐教堂，美第奇礼拜堂，米开朗基罗设计

122. 祭坛处看到的景观
123. 剖面

柱做框架，其上则没有山花（图124），但它的壁龛则明显比两边的空壁龛更深。负强调是风格主义的一大特色，不过门上的盲圣龛等细节则更能显示出米开朗基罗作为风格主义之父的重要性。一眼看去，我们看到空壁龛（图122）以非常简单的圣龛为框，圣龛两旁以粗壮的科林斯壁柱为框。但仔细一看，我们发现山花对其所占的位置而言稍有些大，因而看上去像是被两边的壁柱很不舒服地挤压了。圣龛内则更为复杂。首先，圣龛本身明显是由一个不完整的山花和两根支撑它的壁柱构成，但壁柱却不符合任何一种古典主义柱式，表面上还有奇怪的下凹嵌板。拱券顶部有双重的片段式山花，在原本的山花上还加上了第二个拱券形式的山花。更让人惊讶的是，山花的底部被切掉了，让壁龛看上去像是要向上飞到山花的空间里，圣龛底部则加入了一块没有意义的大理石，

124. 朱利亚诺·德·美第奇之墓

明显形成一种外扩的感觉。最后，壁龛的平墙后退，为圆盘饰［patera］和雕刻精美的垂花饰留出空间。简而言之，古典主义建筑语言的元素被有些粗暴地处理和重新组合，从而形成一系列当时独一无二的形式。正如瓦萨里所说，米开朗基罗"使之与那些受尺寸、柱式和规则约束的作品截然不同"。美第奇礼拜堂的设计要比朱利欧·罗马诺的得特宫早几年，因此是风格主义最早和最精美的作品之一。我们知道礼拜堂工程的计划从 1520 年 11 月开始，一直延续到 1527 年美第奇被驱逐。米开朗基罗虽然支持共和国政府，但是仍一度被拘禁在驻防的佛罗伦萨，不过时间并不长。1530 年，随着美第奇家族通过武力重新收回权力，这项工程不得不再次开始，米开朗基罗也无法推辞美第奇家族的要求重新开始工作。米开朗基罗最终于 1534 年离开佛罗伦萨，到罗马定居，尽管美第奇礼拜堂和劳伦齐阿纳图书馆都没有完工。礼拜堂一直都没有完工，但图书馆则由阿曼纳蒂 [Amannati] 完成了部分工作。新圣器室明显以伯鲁乃列斯基的旧圣器室为参考，在某些方面甚至可以说是用那一时期米开朗基罗版的古典主义建筑来重述伯鲁乃列斯基的主题（图 125、126）。但是，劳伦齐阿纳图书馆却完全是个新创作，图书馆的门厅比美第奇礼拜堂更清晰地展现了米开朗基罗在那一时期的个人形式。米开朗基罗应该是在 1523 年 12 月或 1524 年 1 月收到这项委托，并在 1524 年中提交了多个备选方案。门厅设计产生了一些困难，因为米开朗基罗提议从顶部采光，但当时美第奇家族的首领克雷芒七世 [Clement VII] 却否决了这个提议。为了服从教皇在边墙上开窗的要求，米开朗基罗发展出了我们现在看到的这个杰出的结构。图书馆的地面要远高于前厅的地面，因为出于教皇所定下的另一个条件，图书馆由已有的修道院建筑上的墙墩支撑。为了开窗也需要将门厅的墙面筑高。最后就形成了这样一个独特的房间，其高度远大于其宽度和长度，平面则几乎全被一个巨大的台阶所占据，台阶的底部宽度是上部的三倍，看上去就像从图书馆层流向门厅地面的岩浆。门厅的内墙则作为外立面处理，给人一种外立面向内旋转围住楼梯的感觉。与美第奇礼拜堂一样，图书馆的圣壁龛形式非常奇怪，但门厅最引人注目的特点是柱子不但不立在墙外，反而明显陷入墙内；它们看上去也像是由下面一对很大的支柱支撑。最近发现，让支柱退到本应由它们支撑的墙面之后这种奇特的处理方法其实是符合建筑的结构情况的，因为图书馆是建造在已有的基墙上，这些基墙也是柱子的唯一支撑。尽管如此，最后还是形成了奇怪的效果，这种让人意外的特点也符合我们对风格主义和米开朗基罗的印象。毫无疑问的是，

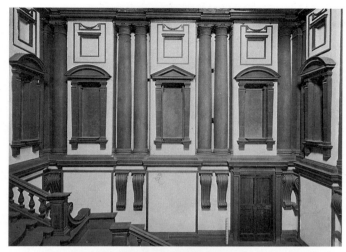

125

126

佛罗伦萨，劳伦齐阿纳图书馆，米开朗基罗设计，1524年开始建造

125. 门厅，展现了内部标高

126. 门厅楼梯

AREAE CAPITOLINAE · ET·ADIACENTIVM·PORTICVVM·SCALARVM·TRIBVNALIVM·EX·
MICHAELIS·ANGELI·BONAROTI·ARCHITECTVRA·ICHNOGRAPHIA
ROMAE·ANNO·∞·D·LXVII

127

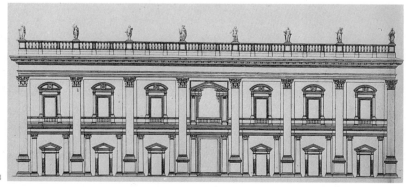

128

129

罗马，卡比托利欧广场，由米开
朗基罗重新设计，1546年

127. 平面，左侧为卡比托利欧宫

128. 卡比托利欧宫立面

129. 总鸟瞰，E.杜佩拉克绘制
的版画

130. 卡比托利欧宫细部

130

伯鲁乃列斯基如果面对同样的问题，一定会提出更直截了当的解决方案。楼梯最终在16世纪50年代由瓦萨里和阿曼纳蒂共同完成，但他们似乎并没有完全遵循米开朗基罗原本的想法，尽管他曾在1558/1559年从罗马寄来了一个小模型。

米开朗基罗一生的最后30年在罗马度过。在那里，他接受了很多大型建筑委托项目，不过这些项目几乎都没有完全按照他的设计建造。其中最重要的就是圣彼得大教堂的工作。他从1546年到去世一直在为这一项目工作。他认为这是他一生最伟大的作品，并拒绝领取薪水。

此外，他也开始了许多其他项目，并非常细致地监督其中一些项目的建造。他晚年所接受的最重要的世俗项目是罗马的卡比托利欧山 [the Capitoline Hill] 和驻防大门庇亚城门 [the Porta Pia] 的重新设计。卡比托利欧广场（图127—130）一直是罗马政府的中心，在罗马共和国和帝国时期经常被称作世界的中心 [Caput Mundi]。因此，重新规划整个区域，使布局与其地位更为相称，是一个非常重要的政治任务。项目在1538年因马可·奥勒留 [Marcus Aurelius] 塑像迁入开始。这是唯一一尊从2世纪留存至今的罗马皇帝骑马塑像。但从中世纪开始，人们一直认为塑像中的皇帝是第一个罗马皇帝——君士坦丁一世，而不是马可·奥勒留，因此这尊雕塑作为基督教帝国的象征意义对重新设计卡比托利欧山来说极其重要。米开朗基罗于1546年开始设计，但不幸的是项目进行得极其缓慢，米开朗基罗死后贾科莫·德拉·波尔塔做了不少修改。米开朗基罗死前五年留下了一系列版画，让我们能较好地了解他的设计意图。他希望将整个空间纳入楔形平面，四边形较宽的一头为罗马政府的所在地——元老宫 [the Palace of the Senators]，而较窄的一头则向通向山下的陡峭台阶敞开。梯形的形式通过位于正中的椭圆铺地进一步强调，而椭圆铺地又以马可·奥勒留的雕塑为中心。德拉·波尔塔在修改了米开朗基罗的形式之外，还调整了铺地的形式，更重要的是用四角

131. 罗马，庇亚城门，米开朗基罗设计，于1562年开始建造，E.杜佩拉克绘制的版画

131

打开的四条街道（图127）来取代米开朗基罗总平面中的三个外凸部分，从而把整个设计从向内聚拢变成了向外扩张。最近几年，铺地重新按照米开朗基罗的设计铺设，但德拉·波尔塔的四条街道仍然保留，这使得现在的设计比以往更让人难以理解。广场两边的建筑现在为两座博物馆，均经德拉·波尔塔修改，但米开朗基罗的设计仍大部分得以保留，清晰地体现在如图130等细节中。从建筑史的角度而言，这些建筑最重要的创新是它们使用了巨柱式［the Giant Order］，即贯通两层的壁柱或柱子。[25] 在这些建筑中，壁柱立在高高的柱础上，联结上下两层，其中底层还有另一个新母题，即柱子支撑的不是拱券，而是笔直的柱顶楣构。巨柱、底层的柱子、二层圣龛窗的小柱子之间的关系极其复杂，与15世纪建筑师所用的简单的比例关系非常不同。而窗户的细节、巨柱背后明显的面板等也体现了风格主义建筑师对复杂性的热爱。

米开朗基罗最后的作品包括位于基督教早期巴西利卡圣母大殿［Sta Maria Maggiore］中的斯福尔扎礼拜堂［Sforza Chapel］和驻防大门庇亚城门（图 131）。前者可以比作一件关于拱顶的极其复杂的作品。后者的建造大部分完成于米开朗基罗去世后，但他绘制了至少三幅图纸，而建造也于 1562 年开始。1568 年的版画显示，与约 40 年前美第奇礼拜堂中的圣龛窗相比，米开朗基罗的形式变得更为复杂，比如：在完整的三角山花中加入断裂的圆弧山花。与此同时，他展现出对材质对比的极大兴趣，在立面正中部分采用光滑墙面，在两边的开间则采用粗糙的石墙。极具创造性的开窗做法则由贝尼尼、博罗米尼［Borromini］等 17 世纪的建筑师继承和发展，因此他们很需要感谢米开朗基罗在罗马的作品。

第十章 | 圣米凯利和圣索维诺

伯拉孟特的建筑思想之所以能在意大利广泛传播，是因为他的学生和助手数量众多，遍布整个亚平宁半岛。他的第二代弟子——学生的学生往往走出国门，在国外工作，或是像塞利奥那样，撰写能够帮助传播伯拉孟特思想的著作。拉斐尔的学生朱利欧·罗马诺则在曼托瓦实践被大幅改动的伯拉孟特式的古典主义，但对意大利北部产生的最重要的影响来自于威尼斯，圣米凯利和圣索维诺于 1525 至 1550 年在那儿工作。1527 年罗马之劫后意大利中部陷入政治浩劫，几乎没有任何委托项目，但威尼斯政府却依然强大，需要军事工程师和建筑师为其服务。圣米凯利和圣索维诺都是威尼斯共和国受薪官员，不过只有圣索维诺主要在威尼斯境内做项目。米凯莱·圣米凯利 [Michele Sanmicheli]（1484—1559）出生于当时属于威尼斯的维罗纳。他在 16 岁时来到罗马，估计曾作为学生或助手为安东尼奥·达·桑加罗工作，不过他留下的作品并没有告诉我们太多信息。1509 年，他前往奥尔维耶托 [Orvieto]，在那里工作了近 20 年，设计了很多小礼拜堂和住宅以及离奥尔维耶托 20 英里的雄伟的蒙泰菲亚斯科内大教堂 [the Cathedral of Montefiascone]。1527 年，他回到了家乡维罗纳，开始了漫长的威尼斯共和国军事建筑师的职业生涯。期间，他曾前往克里特岛、达尔马提亚和科孚岛等地，在这些偏远地区，威尼斯的军事基地是抵抗土耳其人侵扰的主要堡垒。他在威尼斯附近的利多群岛建造了一座大堡垒，还在维罗纳和其他地方建造了几个驻防大门。毫无疑问，这是他在政治动荡的 16 世纪中叶能为祖国做的最重要的工作，而他也把生命的大部分时间奉献给了它。可对我们而言，除了维罗纳的驻防大门等一些例外，这些工作是对艺术家时

132

间的一种浪费，但却在他的建筑上留下了痕迹。堡垒既要有坚固的性质，也要有坚固的外表。而圣米凯利的派力奥门 [Porta Palio]（图 132）和新门 [Porta Nuova] 凭借考虑细致的粗面砌筑的墙面、带条纹的柱子和小拱券上厚重的拱心石，看上去坚不可摧。派力奥门的外墙采用粗面砌筑，而后退的部分粗面砌筑的程度更高，给人一种粗糙的坚固感，从而与内部朝向城镇一面开敞的拱廊形成鲜明的对比。暴露的、承受炮弹的外墙则试图达到多立克柱式下所能达到的最丰富的程度。于是，瓦萨里这样描写维罗纳的城门："从这两个城门可以真正看出，威尼斯元老院完全发挥了建筑师的能力，可与古罗马的建筑和作品相媲美。"

　　作为本地建筑师，他在维罗纳留下了三座重要的府邸（图 133—136），三座府邸似乎都建于 16 世纪 30 年代，但要确定它们建造的具体时间并不容易。其中最早的一座是庞贝府邸 [the Palazzo Pompei]（图 133），估计于 1530 年左右开始建造。它其实是伯拉孟特的拉斐尔住宅的一个新版本，为了符合意大利北部的趣味在材质上要更丰富一些。它共有七个开间，正中的开间为主入口，要略宽于两边带窗的开间。建筑两端用一对柱子和壁柱收尾，从而使拉斐尔住宅中完全平均的形式变成略强调中

132. 维罗纳，派力奥门，圣米凯利设计，16世纪30年代

央和末端的平均形式。这可能是因为府邸的底层并没有作为独立的商店租出去，仍然是府邸的一部分，所以与拉斐尔住宅相比，底层的窗户稍小一些，主入口则略大一些。如果尽端开间没有用成对的柱子和壁柱来强调，以平衡正中开间增加的宽度，那整座建筑看上去就会显得非常粗笨。

　　卡诺萨府邸［the Palazzo Canossa］（图 134、135）显然也是将拉斐尔住宅适用于新的需求。但它的平面则与罗马府邸不同，而与佩鲁齐的法尔内塞纳别墅更为相似。府邸背朝湍急的阿迪杰河［Adige］，因此不需要建造第四面墙，院落三面为府邸建筑，一面为阿迪杰河。在主入口的三重拱券和底层的夹层窗［the mezzanine window］等方面，卡诺萨府邸则让人联想起朱利欧·罗马诺的得特宫。这说明府邸很可能建于 16 世纪 30 年代末（1537 年它处于建造中）。从各方面而言，它都比庞贝府邸与以拉斐尔住宅为代表的类型差别更大，但整个立面依然分为经过粗面砌筑的底层和墙面平整的主要层。主要层墙面上设有由成对的壁柱分隔的大窗。二层重复了底层的夹层窗，也就是说用牺牲一定的通透性来提供充足的住宿空间。主要层肌理复杂，很大程度上借鉴了伯拉孟特位于梵蒂冈的观景楼和拉斐尔住宅。立面两端也用外加的壁柱强调，其余部分则为简单的成对壁柱和大的圆拱窗。窗上还设有明显外凸的拱墩线脚，向两边延伸至壁柱，再进一步由壁柱后贯穿各开间的平板状的装饰相连。这种对水平的强调与伯拉孟特在观景楼中护墙板（图 81）的做法非常相似。

　　无论是庞贝府邸还是卡诺萨府邸，都不是圣米凯利的第三个主要作品——贝维拉夸府邸［the Palazzo Bevilacqua］（图 136）的基础。很难判断这座建筑是什么时候设计的，因为它被认为与圣米凯利 16 世纪 40 年代设计的佩莱格里尼礼拜堂［the Pellegrini Chapel］有关。[26] 贝维拉夸府邸在很大程度上要归功于朱利欧·罗马诺和新风格主义思想，因为它的立面是多种母题的复杂结合，其中一些母题可以直接追溯到朱利欧·罗马诺。首先，除罗马诺的得特宫、拉斐尔的勃兰康尼·德尔阿奎拉宫和圣索维诺在威尼斯的一些建筑外，府邸的肌理要远比同时期其他的建筑丰富。粗面砌筑的底层后退部分纹理明显，壁柱上也有水平划分，窗拱上还有雕刻丰富的拱心石。窗与门所在的开间通过大小开间交替形成了 ABABA 的韵律，这意味着主要层的开间也必须遵循窄—宽—窄交替，而不是伯拉孟特完全平均的形式。这也使主要层最终采用了凯旋拱券的主题，即一个上有夹层窗的小拱券与一个大拱券交替。我们通过对细节的进一步分析可以看出这个立面其实极其复杂。在开间 ABA 的韵律以外，可以说还对应地引进了小且极具风格主义的山花，它们位于三角形和圆弧交替的较小的拱券之上。因而，现在的立面可以被解读为 ABCBCBA。不过，这种解读的前提是设计师想把主入口放在中轴上，而非现在的左数第二个开间。很多人认为府邸没有完全建成，原本应有十一个而不是现在的七个开间。但这种看法未必正确。因为现在七开间

133

维罗纳，府邸，圣米凯利设计
133. 庞贝府邸，约1530年开始建造

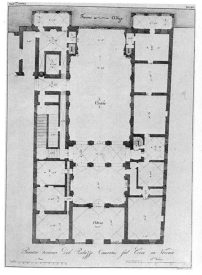

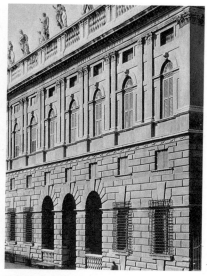

134、135. 卡诺萨府邸, 平面和立面, 16世纪30年代末

136. 贝维拉夸府邸, 1537年前设计

的府邸已经很大了，十一个开间对于这一相对谦卑的家族而言实在是过于巨大；同时，现在 2：3 的高宽比也说明府邸是完全建成了。此外，分隔主要层开间的柱子的肌理又进一步增加了立面的复杂度。在现在的建筑中，这些柱子上都有凹槽，柱子和柱顶楣构都装饰丰富，而凹槽的设置则有自身的韵律，从左开始分别是竖直、螺旋向左、螺旋向右、竖直、竖直、螺旋向左、螺旋向右、竖直。也就是说，在原有带窗开间形成的韵律之外还有一个 ABCAABCA 的韵律。除了入口开间不在中轴上，现在的府邸是左右对称的。

　　小开间支高的山花［the stilted pediments］上都有一个小夹层窗，而大拱券的拱肩上则设有雕刻丰富的雕塑。小夹层窗略不舒服的感觉、雕塑和檐口极其丰富的细节以及底层的粗面砌筑让很多人都把贝维拉夸府邸作为风格主义的重要代表，但它的起源或许要比受到朱利欧·罗马诺的影响更加有意思。新门和派力奥门上厚重的粗面做法显然是希望能形成一种力量感，而这种原本应用于军事建筑的光影感本身可能让圣米凯利感到着迷。不过更重要的或许是维罗纳有很多古典主义建筑遗迹，而贝维拉夸府邸很多比佩莱格里尼礼拜堂更为丰富的母题，来自于效仿古典时期的渴望。事实上，佩莱格里尼礼拜堂的平面（图 137）几乎完全是从万神庙（图 143）发展而来，因而可以确定圣米凯利在有意识地效仿最伟大的古典主义原形之一。这以极其惊人的方式在与贝维拉夸府邸 50 码（约合 45.72 米）开外的留存至今的古罗马纪念性建筑波萨利门［the Porta de'Borsari］中得到了验证。波萨利门毫无疑问是一座古罗马建筑，尽管考古学家对它确切的建造日期仍存在争论。它是贝维拉夸府邸的小的支高的山花、螺旋凹槽的柱子和整体丰富的效果的出处。它也再次说明伯拉孟特之后一代建筑师对古典主义建筑遗迹有很大的热情，但他们的热情主要集中于更迟一些、装饰更丰富的古罗马建筑。也许圣米凯利的作品最能清晰地体现这一点，但与他同时期的建筑师雅各布·圣索维诺［Jacopo Sansovino］的作品也同样如此。圣索维诺来自于佛罗伦萨，与圣米凯利差不多时间来罗马定居，从1527年开始为威尼斯共和国工作。

　　雅各布·圣索维诺生于1486年，死于1570年。他原本是一名雕塑家，曾是安德烈亚·圣索维诺的学生，随老师姓了圣索维诺。在漫长的一生中，他既制作雕塑也设计建筑。我们对他了解得很多，因为他是佛罗伦萨人，在威尼斯成名，从而在瓦萨里1568年出版的《意大利艺苑人物传》［Lives］中留下了完整的记述。在圣索维诺去世后，瓦萨里按照他原本的一生修改了书中的记述。[27]圣索维诺在威尼斯的名声使他成为提香［Titian］、丁托列托［Tintoretto］等伟大艺术家和作家彼得罗·阿雷蒂诺［Pietro Aretino］的好友。圣索维诺的儿子也是一位知名的作家。他撰写了最好的一部关于威尼斯的指南，也对他父亲的作品进行了充分的描述。与圣米凯利相同，圣索维诺受伯拉孟特的影响很大，也认为自己是一名古典主义建筑师。他在1505/1506年与朱利亚诺·达·桑加罗一同来到罗马，与圣米凯利差不多时间加入伯拉孟特的圈子。在之后20多年的时间里，他在佛罗伦萨和罗马工作，从1518年开始在两地作为建筑师工作。与圣

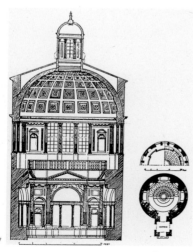

137

137. 维罗纳，佩莱格里尼礼拜堂，剖面与平面，圣米凯利设计，1529年及之后

米凯利一样,他在 1527 年逃往北部,在威尼斯度过了余生。在那里,他也是既做雕塑家又做建筑师。他最著名的雕塑——战神玛尔斯 [Mars] 和海神尼普顿 [Neptune] 是两个站在威尼斯总督府 [the Doges' Palace] 巨人阶梯 [the Scala dei Giganti] 上的巨人,代表威尼斯共和国在陆地和海上的力量。雕塑完成于他职业生涯的末年,显然是米开朗基罗的影响和对古典主义雕塑的学习的结合,而这也是他在建筑中想要达到的目标。他最早在威尼斯的作品都是为政权所做的小项目,从 1529 年开始则被任命为威尼斯城的主建筑师 [Principal Architect]。作为部门主管,他大部分的时间都花在提升城市品质、规范市场等工作上。他担任此职近 40 年,他最著名的作品也是在这段时间内建成的。在圣马可小广场 [the Piazzetta of St. Mark's] 一侧、总督府对面的图书馆无疑是他的杰作(图 138—140)。图书馆最初是枢机主教贝萨利翁 [Cardinal Bessarion] 为感谢威尼斯共和国于 1468 年创立的。经过长期的考虑,威尼斯决定建造一座雄伟的建筑来存放这些书籍。1537 年,圣索维诺开始了设计工作。他去世后,图书馆在 1583 年至 1588 年间由文森佐·斯卡莫奇 [Vincenzo Scamozzi]完成。圣马可图书馆 [the Library of St Mark's] 也常常被叫作圣索维诺图书馆 [Libreria Sansoviniana],是世界上为数不多的以建筑师的名字为人所知的建筑。它一直名声在外,帕拉迪奥在 1570 年曾说它"或许是古代以来最丰富、最华丽的已建成的建筑"。他设计的位于维琴察的巴西利卡则严格模仿了圣马可图书馆,可以说是对这座建筑的称赞。然而,1545 年 12 月 18 日的一场严重的霜冻导致部分拱顶坍塌,圣索维诺则马上被监禁,后来是在阿雷蒂诺、提香和查理五世 [the Emperor Charles V]的大使的帮助下才被救。

鸟瞰图要比其他图更能清晰地展现圣索维诺所面对的问题的复杂程度(图 140)。他需要建造的建筑面朝圣马可大教堂和总督府,要既能与两者相媲美,又不能与它们冲突,也不能削减这两座威尼斯重要建筑的重要性。此外，他还需要让自己的图书馆成为威尼斯唯一真正的大开敞空间——圣马可小广场和大广场有机的一部分。圣索维诺的解决方案是以一面很长的连续立面为基础，这一主面与总督府的长立面平行的部分较长，转向朝海的部分则较短。圣索维诺让图书馆的屋顶低于总督府，以避免主导景观；同时，他用大量的装饰雕塑和极其丰富的光影效果，使图书馆在装饰和色彩上不亚于圣马可大教堂和总督府。建筑的细部展现了圣索维诺的作品远比伯拉孟特可能会做出的作品丰富，但是，多立克柱式的厚重感和对古典主义原型马切罗剧场的参照在感觉上却完全是伯拉孟特式的。我们从当代关于多立克柱式细节的争论知道，圣索维诺的建筑被认为是正确的样板，这可以说明古典主义的规则是他的主要目标。维特鲁威在著作中一处复杂难懂的段落中提到，多立克柱式的神庙必须在角上采用半陇间壁 [a half-me-tope]²⁸，但这很难安排。圣索维诺的做法是在转角增设粗壮的墙墩，这样只需让陇间壁比平常略宽一些，同时调整墙墩的宽度与陇间壁的宽度相适应，就可以获得合适的效果。这一巧妙的解决方案让所有人都很满意，尽管它其实是逃避了问题，因为墙墩几乎可以做成建筑师想要的各种宽度。但这一做法也在很大程度上决定了整座建筑的效果，因为它使楣板过大，拱券下的多立克柱也因此与法尔内塞宫的在比例上有所不同，虽然两者显然是由同一个古典主义原型发展而来的。圣索维诺非常自由地处理建筑的上半部分，主要层采用爱奥尼柱式，也因此比底层的门廊略高。门廊其实并不是建筑的一部分，而是为行人提供的遮蔽，现在大部分的空间被咖啡桌占据。图书馆位于建筑的二层，窗上较小的拱券用单独的较小的柱子支撑，解决了比例不同的问题。较小的爱奥尼柱式设有凹槽，与一旁较大的光滑的柱子以示区分。较大的柱子上方是装饰非常丰富的柱顶楣构和雕刻繁复的楣板，与其下的柱子相比，楣板很高，其上开有阁楼窗。

　　建筑的整体效果非常简洁，长立面上的拱券（图 139）一直重复到圣马可小广场，但同时表面材质和光影对比则极其丰富。二层窗上小柱的使用让人想起帕拉迪奥母题，因此值得将其与帕拉迪奥自己 10 年甚至 12 年之后设计的位于维琴察的巴西利卡（图 162）的窗户处理相比较。图书馆的内部也同样丰富和繁复，但与外部一样都与同期朱利欧·罗马诺的风格主义几乎没有什么相似之处。

　　圣索维诺在威尼斯其他的重要作品几乎都设计于图书馆同一时期，其中两座就建在图书馆边上。在 1537 年，他开始着手设计在水边与图书馆相连的铸币厂 [the Mint (la Zecca)]、小广场另一端的圣马可钟楼 [the Campanile of St Mark's] 底部的拱廊以及为科尔纳罗家族 [the Cornaro family] 设计的雄伟的考乃尔·德拉·卡·格兰德府邸 [the Palazzo Corner della Ca' Grande]。

　　钟楼拱廊的目的是让竖向的钟楼与长长的水平的图书馆互相协调，因此圣索维诺采用了单一拱廊，但在顶上加上了阁楼，阁楼被分割成几块有浮雕装饰的板（图 139）。他采用了凯旋拱券和内有雕塑的壁龛形成的韵律，因此整个立面与图书馆立面相似，但更为丰富。现在的钟楼连廊 [Loggetta] 建于 1902 年，是钟楼倒塌后重建的。圣索维诺在图书馆的另一端建造了铸币厂（图 141）。铸币厂最初只有两层高，由于是用来存放共和国的金条储备的，因此无论是看上去还是实际上都极其坚固。它于 1545 年完工，被瓦萨里说是圣索维诺在威尼斯的第一座公共建筑，这应该是指第一座建成的公共建筑。瓦萨里还指出圣索维诺正是在这座建筑中将"乡村柱式" [Rustic Order] 引入威尼斯，粗壮、有横向条纹的柱子无疑让人联想起得特宫，铸币厂同时也是乡村柱式在 16 世纪末和 17 世纪初红遍全欧洲的先导。将这一柱式引入北欧则要归功于圣塞巴斯蒂亚诺·塞利奥的教科书，而塞利奥也在威尼斯生活了很多年。

　　圣索维诺在威尼斯唯一一座由私人委托建造的重要建筑是考乃尔府

威尼斯，图书馆
（圣马可图书馆[Biblioteca Marciana]），圣索
维诺设计，1537年开始建造

138. 面朝泄湖的立面（左侧为圣索维诺设计
的铸币厂）

139. 面朝总督府的立面（右侧为圣索维诺设
计的钟楼底部的拱廊）

140. 鸟瞰图，展现出铸币厂、图书馆、钟楼、圣
马可大教堂和总督府

138

139

140

邸（图 142）。它于 1537 年奠基开工，估计一直到圣索维诺去世都没有
建成。这座府邸是一系列将威尼斯府邸这一类型规范化的尝试的高潮，
温德拉敏宫也是这一系列尝试的典型代表。圣索维诺在考乃尔府邸中沿
用了拉斐尔住宅一类的粗面砌筑的底层，并将其与得特宫的三重拱券大
型入口相结合。与更早的案例相同，底层设有小窗，小窗上是夹层窗，
主要层和其上的楼层则用相同的处理。在这两层中，外窗位于成对的半
柱之间，窗边框与边上的柱子离得很近，这使得立面正中、为大客厅 [the
Gran Salone] 采光的三个窗户与两边成对的窗户几乎无法区分。但两边
的窗户都有单独的阳台，而大客厅的三个窗户则共用一个阳台，借此建
筑师在强调传统的中间组合的同时，也将整个立面规范化。这座府邸成
为一种标准的类型。之后的案例，如 17 世纪末由巴尔达萨雷·隆盖纳
[Baldassare Longhena] 设计的佩萨罗府邸 [the Palazzo Pesaro] 和雷佐
尼科府邸 [the Palazzo Rezzonico] 等，都明显是由其发展而来。因此，
圣索维诺是一位典型的 16 世纪威尼斯艺术家，与他的朋友提香一样，
了解风格主义最新的发展，但却不为其深奥难懂的部分所影响。

141. 威尼斯，铸币厂，圣索维诺设计，1537年开始建造
142. 威尼斯，考乃尔·德拉·卡·格兰德府邸，圣索维诺设计，1537年开始建造

第十一章 │ 塞利奥、维尼奥拉和 16 世纪末叶

　　16 世纪下半叶，建筑活动非常丰富，很多规则得以制定，建筑职业也开始形成。绝大多数第二代的风格主义者都非常重视古典主义建筑遗迹，也非常重视从维特鲁威颇为晦涩的著作和古代建筑遗迹中推断出的原则。维特鲁威著作最早的印刷版出版于 1486 年左右，即印刷术发明 30 年之后。在之后的半个世纪中，带评论、插图的拉丁语和意大利语多个版本出版。其中，最早的意大利语版出现在 1521 年，是由伯拉孟特的学生西萨里亚诺翻译的。而 1556 年出版的主教巴尔巴罗［Bishop Barbaro］翻译、帕拉迪奥绘制插图的版本则几乎超越了所有此前的版本。几乎所有 16 世纪的建筑著作都基于维特鲁威的著作，因此在某种程度上也基于阿尔伯蒂对维特鲁威的原则的解读。但最重要的三部著作，即塞利奥、维尼奥拉和帕拉迪奥的著作，则绝非对维特鲁威的单纯的引用。

　　塞巴斯蒂亚诺·塞利奥是一位来自博洛尼亚的画家，与米开朗基罗（出生于 1475 年）属于同一时代，因而要比佩鲁齐略大一些，但却拜师于佩鲁齐。塞利奥于 1541 年前往法国，于 1554 年（或 1555 年初）在那里去世。他最初是一名画家和透视专家，1514 年左右在罗马与佩鲁齐相识，罗马之劫中逃亡威尼斯，并在那里工作了一段时间。佩鲁齐去世前把自己的画作赠送给了塞利奥，其中一些可能是伯拉孟特的作品，因为塞利奥似乎对伯拉孟特的一些作品有直接了解。他直到 1537 年 62 岁时才取得一些真正的成就。那年他发表了一份关于共分七卷的建筑著作的说明，同时发表了著作的第四卷。第四卷的题目是"建筑的一般规则……五种以上建筑方法……涵盖基本符合维特鲁威的学说的古典主义时期的建筑案例"［*Regole generali di architettura ... sopra le cinque maniere degli edifici … con gli esempi delle antichità, che per la maggior parte concordano con la dottrina di Vitruvio*]。这一著作发表得很不合规范，因此以参考文献的角度而言非常混乱。关于罗马的古典主义时期建筑的第三卷（图 143）于 1540 年在威尼斯出版，而关于几何的第一卷和关于透视的第二卷则于 1545 年作为单行本在法国出版。关于教堂的第五卷也于 1547 年在法国出版。附加的一卷是关于多种精美的城门的（图 144），发表于 1551 年，这一卷叫作《非凡之书》[*Libro Extraordinario*]，经常与从未在塞利奥生前出版、但存在手稿的第六卷混淆。[29] 第七卷是他去世后，于 1575 年在法兰克福根据他的论文出版的。第八卷的手稿现在也出版了。这本论著一出版就很受欢迎，多次用意大利语和法语重印，不久之后全部或部分翻译成佛兰芒语、德语、

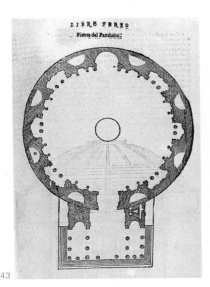

143 144

143、144. 塞利奥《建筑》中的插图，万神庙的平面（第三卷，1540 年），以及一座城门的设计，来自《非凡之书》，1551 年

西班牙语和荷兰语，1611 年又从荷兰语翻译成英语。这部著作之所以如此受欢迎，是因为它不仅仅是维特鲁威理论的应用，而且是第一本关于建筑艺术的实用手册。它在欧洲、特别是法国和英国建筑史上有着极其重要的地位，因为它不但简单记述了古代和现代建筑的各个元素，而且是用白话文写作。插图可能是这本书最重要的部分。塞利奥这本书的文字只是对插图的阐述，而不是相反，从这个意义而言，他可以说是带插图的书的发明者。1537 年出版的第四卷是关于古典主义柱式的，包含一系列简单的图示和介绍如何建造每种柱式的文字。因此，它是最为畅销的一卷，塞利奥也获得机会将其献给弗朗索瓦一世 [Francois I]，凭此于 1541 年作为皇帝的画家和建筑师前往法国。他在那里度过了余生，但在法国的作品几乎都没有留存至今。不过，从他后来出版的书中可以看出他不太纯粹的意大利风格逐渐受到了法国的影响。特别是《非凡之书》，已经与伯拉孟特的简单非常不同。但它们曾一度非常符合英国、佛兰芒和法国石匠师傅 [mastermasons] 的纯朴趣味。这些书清晰地展现了一个人可以如何通过让石匠查阅塞利奥的著作成为自己的建筑师。比如，在第三卷中，他可以找到关于著名的古典主义时期建筑的较为准确的论述；在第四卷中，他可以学习如何建造各种柱式的柱子；在第五卷中，他可以了解集中式教堂；而从其他卷中，他可以掌握装饰的全部基本规则。塞利奥对法国和英国的建筑的影响从某种程度而言却是灾难性的，因为石匠师傅总是抓住风格主义那些华丽的特征不放，还把它们加在其实是哥特式的结构上。所以，英国的古典主义时期一直要到塞利奥被完全理解，即直到 17 世纪早期伊理高·琼斯 [Inigo Jones] 出现才开始。琼斯对优秀的意大利建筑的知识则几乎全部来自于另一部著作，即帕拉迪奥的著作。

第三部建筑著作来自于贾科莫·巴罗齐·达·维尼奥拉 [Giacomo Barozzi da Vignola]。他生于 1507 年，死于 1573 年。他在米开朗基罗

145

维尼奥拉的椭圆教堂

145、146. 罗马,佛拉明尼亚大道上的圣安德烈亚小教堂,1554年完工,建筑外观和建造示意图

147. 罗马,帕拉弗莱尼埃利圣安娜小教堂,1572/1573年开始建造,平面

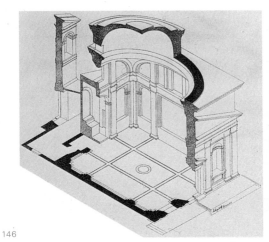

146

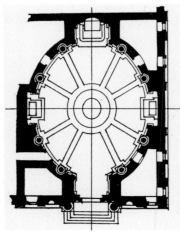

147

去世时才 57 岁，但他的职业生涯却说明了 16 世纪下半叶风格主义艺术的刻板。对很多人而言，米开朗基罗无疑是一位伟大的建筑师，作品充满想象、非常自由；而维尼奥拉成功的职业生涯却展现出正确性在 1550 至 1575 年之间的建筑中的重要地位。维尼奥拉的重要性主要在于他在反宗教改革后宗教建筑大规模扩张时设计了两种新的教堂形式。特别是他设计的耶稣教堂 [the Gesù]，即耶稣会的母堂。这使得他的设计被耶稣会的传教士们复制到全球各地，从伯明翰到中国香港都可以看到他的建筑思想。维尼奥拉生于摩德纳附近一个名叫维尼奥拉的小镇，于 16 世纪 30 年代中期来到罗马绘制古典主义建筑遗迹，从而开始了他的职业生涯。尽管他是在佩鲁齐人生最后几年才来到罗马，但是他却通过佩鲁齐继承了伯拉孟特的冷静的古典主义。他曾于 1541 年至 1543 年间在法国生活了 18 个月，并在那里结识了博洛尼亚老乡塞利奥。直到返回意大利，他才开始独自设计建筑。他第一件重要作品是 1550 年开始为教皇儒略三世 [Pope Julius III] 建造的（现在位于罗马的）别墅（图182—185）。这事实上是为儒略三世建造的观景楼，与伯拉孟特为儒略二世建造的观景楼相对应。朱利亚别墅 [the Villa Giulia] 和为法尔内塞家族在维特尔博 [Viterbo] 附近的卡普拉罗拉 [Caprarola] 设计的大府邸，都是维尼奥拉重要的世俗建筑作品，由于它们都属于别墅和府邸，将推迟到另外一章与其他的别墅和府邸一起介绍。他为儒略三世所做的作品帮助他获得了位于佛拉明尼亚大道 [Via Flaminia] 的圣安德烈亚小教堂 [S. Andrea] 的项目委托（图 145、146）。小教堂于 1554 年完工，也是维尼奥拉设计的三座重要的教堂中最早完工的一座。小教堂首次采用了椭圆形穹顶的设计，这一形式在 17 世纪非常流行，小教堂现已破败不堪。[30] 这种形式源于古罗马陵墓，其中最著名的是塞西莉亚·麦特拉 [Cecilia Metella] 的陵墓。在圣安德烈亚小教堂中，维尼奥拉首先在正方形平面上放置圆形穹顶，然后将其沿一条轴线拉长，从而获得了延

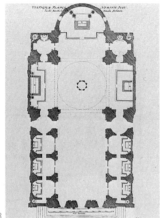

148

149

150

罗马，耶稣教堂，维尼奥拉设计，
由贾科莫·德拉·波尔塔完成

148. 平面
149. 维尼奥拉设计的立面
150. 德拉·波尔塔建造的立面
151. 罗马，耶稣教堂，萨基
[sacchi]和米耶尔[Miel]的画，
展现了建筑内部的原貌

151

长的集中式平面［an extended central plan］。小教堂内部采用非常简朴
的镶板，清晰地展现了平面是如何从正方形和圆形开始，最终成为上有
椭圆形穹顶的长方形。下一步显然是将穹顶的椭圆形延伸到底层平面。
维尼奥拉晚年终于在梵蒂冈的（现在一般不开放）帕拉弗莱尼埃利圣
安娜小教堂［S. Anna dei Palafrenieri］（图147）实现了这一步。教堂于
1572/1573年开工，最终由他的儿子完成建造。从平面上看，立面仍然
是平整的，虽然椭圆形的穹顶在内部得以表达。很多16世纪末和17世
纪初的罗马教堂直接继承了这座最早的椭圆形教堂。

　　虽然耶稣教堂是维尼奥拉最有影响力的教堂，但它的建筑风格却并
不是很大胆。耶稣会是1540年由米开朗基罗的朋友圣依纳爵·罗耀拉
建立的。米开朗基罗于1554年设计了耶稣教堂最初的平面，但教堂直

到 1568 年才开始建造;新的设计旨在容纳大型集会,并让他们能够听清布道,因为布道是反宗教改革的宗教生活中一个极其重要的组成部分。枢机主教法尔内塞在 1568 年 8 月给维尼奥拉的一封信中强调了布道的重要性,于是维尼奥拉在这一项目开始时就知道自己要建造的建筑需要有很宽的中厅和为声学原因采用的筒形拱顶。

信中这么写道:

波朗科神父〔Father Polanco〕经耶稣会会长〔the General of the Jesuits〕派遣,来我这里与我商量了关于这座教堂的一些想法……你需要仔细留心造价,不能超过两万五千杜卡特,在造价的限制内,教堂必须遵循建筑的原则,长、宽、高比例恰当。教堂不应采用中厅和两个侧廊的组合,而应由一个单一的中厅和两边的礼拜堂构成……中厅必须采用拱顶,而非其他屋顶形式,尽管其他人

152

152. 罗马,法尔内塞花园 [Orti Farnesiani],维尼奥拉设计的大门的重建

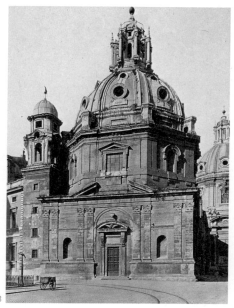

153

154

155

罗马的风格主义

153. 圣洛雷托圣母堂，由小安东尼奥·达·桑加罗开始，穹顶由贾科莫·德尔·杜卡设计，约1577年

154. 希腊圣亚大纳修教堂，贾科莫·德拉·波尔塔设计，立面图

155. 富纳里圣加大肋纳堂，圭代蒂设计，1564年

可能会提出反对意见，认为布道的声音会因为回声而有所损失。他们认为拱顶比木架结构屋顶更容易导致回声，但我不相信这一点，因为有很多教堂都采用拱顶，不仅容量更大，而且也很适于声音的传播。无论如何，你需要注意我提到的几点，即造价、比例、场地和拱顶。至于形式，我相信你的判断，等你回来时，你必须跟我说明，在你与其他相关人士达成共识后，我会做出决定，而你也需完全遵循这一决定。再见。

两边用礼拜堂代替侧廊的平面显然是从阿尔伯蒂在曼托瓦的圣安德烈亚教堂（图 32）发展而来；但耶稣教堂的中厅（图 148）要更宽更短，耳堂则非常浅。中厅的形状是为听觉效果所设计的，而东端交叉部上的穹顶则给主祭坛和各耳堂的祭坛提供了充足的采光，后者是为圣依纳爵·罗耀拉和耶稣会的第一位圣人圣方济·沙勿略设立的。建筑内部几乎完全是 17 世纪末和 19 世纪设计的，让人对原有设计留下了完全错误的印象，原有的室内设计（图 151）其实非常简朴。维尼奥拉 1573 年去世时，建筑刚建造到檐口的高度，此后立面被大幅修改，与他原本的设计相比变化很大（图 149、150）。现在的立面是由贾科莫·德拉·波尔塔设计的，更强调中央的垂直元素，在效果上不如维尼奥拉的二层的设计那么令人满意。与耶稣教堂相同，两旁有涡卷的二层的设计也是源自阿尔伯蒂。具体而言，这一立面是从他在佛罗伦萨的新圣母大殿（图 28）发展而来。维尼奥拉的耶稣教堂有着极大的影响力，甚至成为教堂的一种标准平面和立面。

1562 年，维尼奥拉发表了他自己的著作《建筑的五种柱式》[*Regola delli Cinque Ordini d'Architettura*]。这明显是对塞利奥的模仿，但是却更加学术，版画也更为精美。但与此同时，他只探讨了古典主义柱式，完全不像塞利奥那样涉及建筑的方方面面。尽管如此，特别是在法国，它在约三个世纪的时间里曾是学建筑的学生的标准教科书，出版了将近 200 个版本。在晚年，维尼奥拉在罗马为法尔内塞花园 [the Farnese Gardens] 建造了一座让人印象深刻的大门（图 152）。这座大门很好地展示了他处理古典主义柱式的精准度。大门于 1880 年拆毁，但所有的石块保存了下来，最近在罗马重建。

　　16 世纪后期，罗马掀起了一波建造教堂的高潮。我们能举出很多案例来说明维尼奥拉的设计有多么重要。16 世纪中叶，贾科莫·德尔·杜卡 [Giacomo del Duca] 和贾科莫·德拉·波尔塔曾一度被认为有希望继承米开朗基罗风格中异想天开的一面。但贾科莫·德拉·波尔塔很快就受到维尼奥拉的影响，发展出一套非常枯燥的古典主义风格，缺乏米开朗基罗的想象力和维尼奥拉的精准度。贾科莫·德尔·杜卡则是一个神秘人物。他似乎是西西里人，1520 年左右估计是在墨西纳 [Messina] 出生，1601 年之后在西西里以高龄去世。他的绝大多数作品位于墨西纳或周边，因此在墨西纳地震中被损毁。罗马的圣洛雷托圣母堂 [Sta Maria di Loreto]（图 153）展现了他很具个性的风格。教堂最初由小安东尼奥·达·桑加罗设计，1577 年左右由贾科莫·德尔·杜卡接手。他用一扇大窗、一个鼓座和其上的穹顶打破了桑加罗的山花，使教堂的上部大得不成比例。建筑细部，包括大拱肋、拱顶上向外突出的柱子等，展现出他的形式在某些方面是从米开朗基罗那里发展而来的，甚至有人会认为贾科莫·德尔·杜卡要比米开朗基罗更不守规则。但这种风格主义在教堂建筑中并不受欢迎，更典型的形式源自维尼奥拉的作品，或与他的作品相近。萨西亚的圣灵教堂 [the church of Sto Spirito] 是小安东尼奥·达·桑加罗在 16 世纪 30 年代设计的。圣灵教堂的两层立面很可能是维尼奥拉的耶稣教堂的设计起点，因为可以肯定它是富纳里圣加大肋纳堂 [Sta Caterina dei Funari] 立面（图 155）的设计起点。这一教堂非常独特，居然是由不知名的建筑师圭代蒂 [Guidetti] 于 1564 年签名和标注日期的。它比耶稣教堂的立面更早，但两者显然有很多相似之处。[31]

在维尼奥拉 1573 年去世后，巴洛克早期伟大的建筑师出现之前，罗马的建筑业由官方的"罗马人民的建筑师"贾科莫·德拉·波尔塔和西斯笃五世 [Sixtus V] 青睐的建筑师多梅尼科·丰塔纳 [Domenico Fontana] 所主宰。正如我们所见，两人合作完成了圣彼得大教堂穹顶的建造。虽然两人都不是一流的建筑师，但是丰塔纳却是那一代技术最高超的工程师，而贾科莫·德拉·波尔塔可能是罗马委托项目最多的建筑师，几乎参与了所有重大项目。他的风格可清晰地见于耶稣教堂的立面等作品，也可见于位于罗马的希腊人的国家教堂，即圣亚大纳修教堂 [S. Atanasio dei Greci]（图 154）。圣亚大纳修教堂的立面两旁设有高塔，这在 17 世纪得到进一步的发展，比如博罗米尼设计的圣阿尼斯教堂 [S. Agnese]，以及无法超越的，雷恩 [Wren] 设计的圣保罗大教堂 [St Paul]。

德拉·波尔塔和丰塔纳都由教皇西斯笃五世（1585—1590 年在位）聘用，两人一起决定了罗马城未来几个世纪的布局。20 世纪 50 年代时，罗马很大程度上仍是那个 17 世纪基于西斯笃五世在位五年时制定的布局（图 156）建造的城市。

西斯笃五世是 16 世纪最杰出的教皇之一。他是一个园丁的儿子，曾经是一名牧羊人和看守人。他在成为一名方济各会修道士后，凭借巨大的热情和行政能力成为耶稣会会长，最终当选教皇。他发现多梅尼科·丰塔纳和他一样是个很实际的人，于是开始一起改造罗马城。1585 年，丰塔纳将从古典主义时期一直耸立在圣彼得大教堂一旁的方尖碑搬运到现在的位置即大教堂正前，从而一举成名。巨大的花岗岩方尖碑被竖直向上抬起，然后放到滚轴上，拉向小广场，并在那里重新立起。这一工程壮举让同代人大感惊奇。他不久后被封为贵族，并撰写了一本关于该工程的书。此后，他还帮西斯笃五世立起了很多方尖碑，因为西斯笃五世喜欢在自己规划的穿越罗马的街道的交叉口树立方尖碑。他们两人还用以教皇名字命名的菲利斯水道 [the Acqua Felice] 为罗马运来了更多的水。这让罗马得以建造新的城区和代表性的喷泉。不过，两人也有一些不太值得称赞的想法，比如（从未执行的）将斗兽场改建为羊毛工厂的计划。

现存的梵蒂冈府邸和拉特郎府邸 [Lateran Palace] 绝大部分都是丰塔纳设计的，但是两者在建筑上的意义并不大。[32] 在他伟大的雇主去世后，丰塔纳前往那不勒斯，1607 年在那里去世。他也是卡洛·马代尔诺 [Carlo Maderno] 的叔叔，因此是诸多伟大的巴洛克建筑王朝中的一个王朝的建立者。

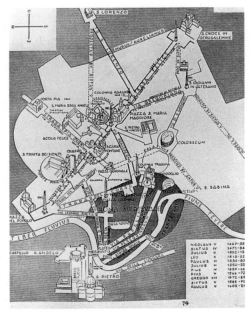

156. 罗马，西斯笃五世委托的城市规划项目（由 S. 吉迪翁重新绘制）

156

第十二章 | 佛罗伦萨的风格主义者：帕拉迪奥

安德烈亚·帕拉迪奥是 16 世纪末活跃在罗马之外的最伟大的建筑师，但当时还有很多有能力的建筑师在意大利工作，其中三位——阿曼纳蒂、布翁塔伦蒂 [Buontalenti] 和瓦萨里必须简单介绍一下。他们代表了佛罗伦萨的风格主义建筑，也许与一些人猜测的相同，他们深受米开朗基罗的影响。但最重要的是，阿曼纳蒂也受到了维尼奥拉和圣索维诺更古典主义的风格的很大影响。阿曼纳蒂 1511 年出生于佛罗伦萨附近，1592 年在那里去世。他曾在童年时目睹了米开朗基罗的新圣器室的建造。不久之后，他就前往威尼斯，为圣索维诺工作。与圣索维诺一样，他既是一名雕塑家，又是一名建筑师。1550 年，他已经来到罗马，开始跟维尼奥拉和瓦萨里一起设计朱利亚别墅（图 183）。因此在儒略三世在位的五年中（1550—1555），他受到了维尼奥拉的建筑思想的影响。1555 年回到佛罗伦萨后，他开始为美第奇公爵工作，之后又为科西莫一世工作，常常与瓦萨里合作。他最重要的项目是开始于约 1558 年，结束于 1570 年皮蒂宫的扩建和改造。1549 年，科西莫一世用妻子的嫁妆买下了皮蒂宫；1550 年起，他开始计划将其扩建，并修建与他地位相符的精美花园。原本的街道里面绝大多数已融入了 17 世纪加建的部分。人们一般认为，阿曼纳蒂设计了建筑背部巨大的两翼以及在整个加建部分采用极其宏大的粗面形式（图 157）。中庭的乡村柱式和花园的材质效果或许是阿曼纳蒂风格中最引人注目的方面，而他大胆的粗面处理明显受到了圣索维诺的威尼斯铸币厂的启发。他最著名的作品估计要数阿诺河上的圣三一桥 [the Ponte SS. Trinita]。原来的桥毁于洪水，阿曼纳蒂在 1566 至 1569 年期间重建此桥，包括其中令人满意的、非常优美的平拱。这座桥 1944 年被无故损毁，但之后又得以重建。阿曼纳蒂也在佛罗伦萨建造了一些府邸，还在佛罗伦萨城外为佛罗伦萨共和国工作，比如卢卡的领主宫 [the Palazzo della Signoria] 的绝大部分可能是他建造的。我们知道他的设计在 1577 年被采纳，但他后来又给市议会写了封信，说自己正在闹眼病，可能他随着年纪的增加越来越不能工作了。1582 年，他给美第奇学院写了一封著名的信。这封信是关于反宗教改革思想对美学的影响的一份重要文件。他之所以会写这封信（读上去很像布道词），很可能是因为他在晚年与耶稣会有非常密切的联系。他提出的观点之一是裸体塑像可能会导致罪恶，他说希望自己的一些作品能被销毁，比如他专门提到了自己 1563 年至 1575 年间为领主广场 [the Piazza della Signoria] 制作的非常美丽的海神喷泉 [Neptune Fountain]。他提出着衣人像也一样能展现雕塑家的技巧，并指出《摩西像》[Moses] 是米开朗基罗最好的作品：这也说明在风格主义者眼中，精湛的技巧比其他的品质更加重要。信中另外一段也很有意思，他认为大多数雇主会接受他们收到的方案，而不会给艺术家定出严格的指令：“但我们都知道大多数定购艺术作品的人都不制定任何目标，而是让我们自己判断，只是说‘我希望这里有个花园、喷泉和水池’之类的。”

乔尔乔·瓦萨里 [Giorgio Vasari] 与阿曼纳蒂同年（1511）出生，于 1574 年去世。他不朽的《著名画家、雕塑家、建筑家传》[*Lives of the Most Illustrious painters, sculptors and Architects*] 首次出版于 1550 年，后经大量改写和增订于 1568 年重版。在他那一辈，他也是一位著名的画家、建筑师和艺术经理人。作为画家，他的技术一般但速度很快；作为建筑师，则留下了至少三件作品。1550 年，他与维尼奥拉和阿曼纳蒂合作，帮助设计了朱利亚别墅，不过有可能他做的几乎全是行政工作。1554 年，他在科尔托纳附近建造了新圣母教堂 [the church of Sta Maria Nuova]。从 1560 年直到 1574 年去世，他一直在为科西莫一世设计佛罗

157

158

159

伦萨的乌菲齐府邸［the Palace of the Uffizi］。这座建筑现在是著名的艺术馆，当时则是为托斯卡纳政府设计的办公楼（乌菲齐）（图158）。

佛罗伦萨的风格主义

157. 皮蒂宫，朝向花园的一面，阿曼纳蒂，约1558年开始建造
158. 乌菲齐府邸，在阿诺拱廊［the Arno Loggia］看到的景观，瓦萨里设计，1560年开始建造
159. 乌菲齐府邸，祈祷之门，布翁塔伦蒂设计，1574年之后建造

其设计最突出的一点是长长的隧道形状，因其戏剧性效果被接纳和使用。除布翁塔伦蒂在瓦萨里去世后设计的一两处外，建筑的细部缺乏想象力。

　　贝纳尔多·布翁塔伦蒂［Bernardo Buontalenti］1536 年出生，1608 年去世。他是佛罗伦萨 16 世纪末的重要建筑师，同时也是一名画家、雕塑家和烟火专家，一直为美第奇家族服务。他为他们在佛罗伦萨附近建造了现在已经损毁的普拉托利诺别墅［Villa Pratolino］。1574 年，他接替瓦萨里承担了乌菲齐府邸的工作，设计了精美的祈祷之门［Porta delle Suppliche］（图 159）。他在门中将山花分为两段背对背放置，这是米开朗基罗都没有尝试的诡谲的做法。同年，他为圣三一教堂［SS. Trinita］的圣坛设计了一段同样奇怪的台阶（现位于圣斯特法诺教堂［Sto Stefano］内），也开始了圣马可大教堂附近的美第奇小别墅［the Casino Mediceo］的设计。1593 至 1594 年，他为圣三一教堂建造了新立面；而他最后一件作品——比萨的摊贩凉廊［the Loggia de'Banchi］于 1605 年开始建造。因此，米开朗基罗的影响至少持续到 16 世纪末。

　　16 世纪后期最伟大的建筑师应该是安德烈亚·帕拉迪奥。他出生于 1508 年，于 1580 年去世。他的一生几乎都在维琴察这个小城度过，而他的作品也几乎都在维琴察城内或周边乡村。他是对英国建筑影响最大的人之一，而他的影响部分是通过他发表的著作实现的，其中最重要的是他的著作《建筑四书》［I Quattro Libri dell'Architettura］。此书最早发表于 1570 年，里面的插图覆盖古典主义柱式、一系列精选的古典主义时代的建筑以及帕拉迪奥自己绝大多数的作品。这部著作比塞利奥的著作更博学和精确，比维尼奥拉的著作内容更广泛。伊理高·琼斯透彻地学习了这本书。通过他，帕拉迪奥的建筑思想也成为英国 18 世纪建筑的主要源泉。英国皇家建筑师学会［the Royal Institute of British Architecture］藏有大量帕拉迪奥的图纸（图 160、161）。这些图纸与

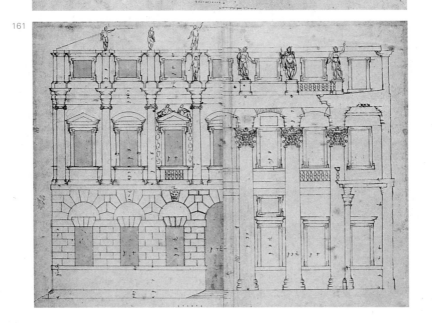

160. 帕拉迪奥，罗马提图斯浴场[the Baths of Titus]复原图

161. 维琴察，波尔托-科莱奥尼府邸[Palazzo Porto-Colleoni]，帕拉迪奥绘制

162

他的著作很好地说明了，他的风格本质上是以古典主义和伯拉孟特为基础的，但与 16 世纪所有其他的艺术家一样，也受到了米开朗基罗的作品的影响。他风格中的古典主义元素来自于多次罗马之行中对古罗马遗迹的仔细的现场学习。虽然他是木匠的儿子，但他很快得到人文主义者特里西诺 [Trissino] 的赏识。特里西诺让他获得了古典主义的教育，带他前往罗马，并赐予了他源自帕拉斯 [Pallas] 的帕拉迪奥这一名字。他非常细致地将古罗马建筑遗迹（图 160）绘制下来，但在复原图纸时更注重宏大感，而非准确性。不过，从他的思想倾向上可以看出，伯拉孟特和维尼奥拉是最吸引他的现代建筑师。帕拉迪奥作品中的风格主义元素应该是源自米开朗基罗 16 世纪 40 年代以降的作品；不过，他也有可能是在对装饰更丰富的古典主义遗迹的学习中受到了影响。帕拉迪奥为维特鲁威著作的 16 世纪出版的众多版本中最优秀的一版——主教巴尔

162. 维琴察，帕拉迪奥巴西利卡 [Basilica Palladiana]，帕拉迪奥，1549年及之后

巴罗 1556 年出版的版本绘制了一系列插图（图 163）。

他的第一件成名作是维琴察旧巴西利卡，或维琴察旧市政厅的立面扩建（图 162）。市议会在 1549 年采纳了帕拉迪奥的模型，同时拒绝了朱利欧·罗马诺（1546 年去世）递交的模型。帕拉迪奥对圣索维诺位于威尼斯的图书馆的称赞显然是真心的，因为他的方案就是在旧巴西利卡的外部用与圣索维诺所用的形式和塞利奥论著中的一幅图纸非常相似的双拱廊提供支撑。巴西利卡中用到的元素非常简单。由于这是一座巴西利卡（因此让帕拉迪奥联想到了古典主义大型公共建筑），他的方案也基本由柱式的使用所决定：底层采用多立克柱式，上层采用爱奥尼柱式。上附柱子的墙墩起支撑作用，墙墩之间是大型拱券和组成帕拉迪奥母题的细柱。因此，建筑效果来自于拱券的光影变化，而不是来自石造建筑的实体效果，同时也来自于开口和建筑元素的精

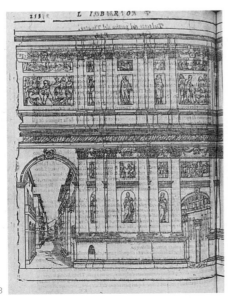

163. 帕拉迪奥的古罗马剧场复原图，巴尔巴罗主教版本的维特鲁威著作，1556年

帕拉迪奥设计的在维琴察的府邸

164. 基耶里凯蒂宫，16世纪50年代开始建造

163

164

妙的形状。与圣索维诺不同，帕拉迪奥将柱顶楣构打断，使每根柱子向外凸出，从而更强调凸出感，而不是水平感，而后者是圣马可图书馆的显著特点。这些拱券开口、侧边较小的长方形空间、其上的圆形开口的比例都经过了仔细推敲。而整个立面的点睛之笔是转角处双柱间的空间更小，从而大大增强了建筑各端双柱的效果，也使建筑转角更显坚固、庄重。

　　帕拉迪奥在维琴察建造的府邸展现了他的风格的发展。从一些不同时期建造的府邸中，我们可以看出他的思想的大致发展趋势。他最早建造的府邸之一——1552 年建造的波尔托府邸明显源自伯拉孟特的拉斐尔住宅设计，并在正中和尽端的开间中的窗户上增设了一些米开朗基罗式的雕塑（图 161、165）。整体效果（图 166）与圣米凯利在维罗纳设

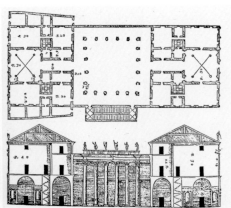

165

166

计的府邸非常相似。但是，府邸的平面却展现了帕拉迪奥不同的一面。它是一种古代住宅的重建，正中是一个大正方形中庭，四边对称布置有建筑体块，中庭全部采用巨柱式，显然是想复制古典主义的中庭。更重要的是，平面展现出对完全对称和房间形状的序列的热爱，每个房间都与边上的房间成比例，这后来也成为帕拉迪奥的别墅的基本原则。平面左侧的房间开始于正中的 30 英尺（9.144 米）见方的大厅，边上是一个 30 英尺（9.144 米）乘 20 英尺（6.096 米）的房间，然后是一个 20 英尺（6.096 米）见方的房间。古典主义的形式、数学上的和谐和对称的布局的组合使帕拉迪奥的建筑这么多年仍让人着迷，也让 18 世纪的建筑师如此仔细地模仿。帕拉迪奥的建筑的上述特点很大程度是源自对维特鲁威和古罗马建筑的研究。显然，早在 16 世纪 50 年代帕拉迪奥为巴尔巴罗主教的版本准备插图时，波尔托府邸的中庭以及维特鲁威对巴西利卡的描述就已经在他脑中留下印迹。另一座也能让人想起古典主义建筑的府邸是奇怪但非常优美的基耶里凯蒂宫［Palazzo Chiericati］（图

165、166. 波尔托府邸，1552 年，立面、剖面和平面

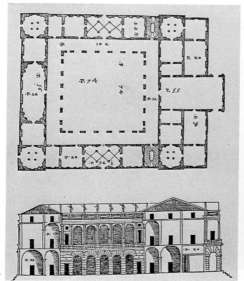

167　　　　　　　　　　　　　　　　　　　　168

164）。基耶里凯蒂宫于 16 世纪 50 年代作为一个广场的一部分开始建造，因此现在的开敞拱廊原本是一个城市规划项目的一部分，而不是现在的一座建筑的一部分。这座府邸现在是维琴察博物馆，规模相对较小，大型开敞拱廊不合比例地占用了过大的空间。但拱廊仍然是多立克和爱奥尼柱式的精美案例，与圣索维诺的圣马可图书馆的拱券相比采用了更简朴的古典主义形式。几年后建的希安府邸 [the Palazzo Thiene] 展现了当时风格主义者对材质的兴趣和对房间形状新产生的兴趣（图 167、168）。从平面可以看出，房间仍然互成比例，但新增加了各种各样的形状。这一特点源自古罗马浴场，也是帕拉迪奥将古典主义主题用于当代民用建筑的一部分。《建筑四书》所用的图与实际建造的立面略有不

帕拉迪奥设计的在维琴察的府邸
167、168. 希安府邸，16世纪50年代（?），平面、剖面和立面

169

170

同，展现了朱利欧·罗马诺在明显的粗面砌筑、特别是窗上粗糙的拱心石等方面的影响。与柱头相平的一系列装饰性垂花饰这一不常见的想法虽然并未建成，却被伊理高·琼斯运用到多方面学习了希安府邸的怀特霍尔 [Whitehall] 的宴会厅 [the Banqueting House] 中。十年之后，1566年，瓦尔马拉纳府邸 [the Palazzo Valmarana]（图170）建成。英国皇家建筑师学会收藏的图纸展现了这座府邸的两个有趣的特点。首先，主要层的尽端开间采用非常风格主义的处理方式，设有山花窗和雕塑，而主要层的其他窗户则都是长方形窗，设置在巨柱式的柱子之间。巨柱式的使用、底层用小壁柱支撑笔直的柱顶楣构都源自米开朗基罗在卡比托利欧广场上的府邸；而其他如粗面砌筑的材质等一些特点，则可追溯

169. 波尔托-布雷甘泽府邸[Palazzo Porto-Breganza]（"魔鬼府邸"），1571年
170. 瓦尔马拉纳府邸，1566年

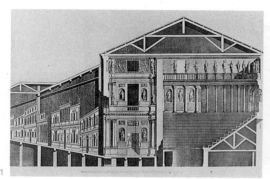
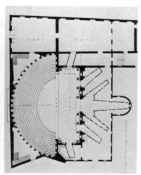

到古典主义原型，而非当时的风格主义。在他晚年设计的府邸中，帕拉迪奥采用了米开朗基罗的巨柱式和一些装饰丰富的风格主义元素。1571年为波尔托家族设计的另一座府邸——所谓的"魔鬼府邸"［Casa del Diavolo］（图169）清楚和精彩地展现了这一点。

在他人生最后的几个月中，帕拉迪奥为他所在的美第奇学院在维琴察设计了一座剧场，并开始建造。正如人们可能想到的，剧场是一次按照维特鲁威的描述（图163）和一两个现存实例重建古罗马剧场的彻底尝试。

奥林匹克剧院［the Teatro Olimpico］（图171—173）是基于古罗马原则建造的，即演出舞台加上一个固定的静止的建筑背景或舞台前部［proscenium］。观众席为半圆形，或在这个剧场中是半椭圆形的，层层的席位迅速向上升高，直到环绕剧场背部的柱廊的高度。古典主义剧场中的观众席是对天空开敞的，但帕拉迪奥的小剧场却有顶棚，平的顶棚上画有天空和云朵。这座设计精美的建筑中最精彩的部分是位于舞台前部后方的永久舞台。永久舞台是他的学生斯卡莫奇建造的，可以确定他遵循了帕拉迪奥的想法。从剖面和平面可以看出，帕拉迪奥通过将后台

171. 奥林匹克剧院，剖面，展现透视布景（左侧为舞台）
172. 平面（右侧为舞台）

维琴察，奥利匹克剧院，帕拉迪奥，1580年，由斯卡莫奇完成

173. 体现透视效果的室内

173

部分向上倾斜和将通道变窄增强街景的透视效果，从而在一个很小的空间内获得了精美的透视效果。舞台还可以通过在布景中安排演员在适当的位置手拿火把获得各种光效。

他设计的教堂为数不多，在其中两座中也能看到类似的效果。威尼斯的圣方济各教堂［the church of S. Francesco della Vigna］的一个立面是帕拉迪奥设计的，而圣乔治马焦雷教堂［the church of S. Giorgio Maggiore］和威尼斯救主堂［the Redentore］则完全是他设计的（图174—181）。这些都是他晚年的作品。1566年，圣乔治马焦雷教堂开工；十年后，威尼斯救主堂作为一场特别严重的瘟疫结束的还愿祭［votive offering］而开工。这两座教堂都展现了帕拉迪奥的最高水平。两座教堂的平面都非常特殊，乍看上去与他府邸严格对称的平面非常不同。

这两座教堂以及较早的圣方济各教堂的立面都为如何为巴西利卡建筑设计完全古典主义的立面这个老问题提供了新的解决方案。虽然巴西利卡建筑在古典主义时期就存在，但是16世纪的建筑师只是从巴尔巴罗和帕拉迪奥等维特鲁威著作的编辑所画的复原图中对它们有所了解。

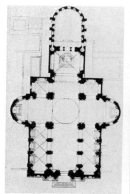
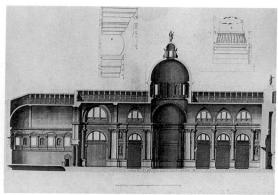

古代的神庙的尽端往往是一面山墙，宜采用独立的柱子支撑山花的形式。但最早的基督教教堂不是基于异教徒的神庙，而是基于古代的巴西利卡这种世俗建筑形式。巴西利卡的正中是很高的中厅，两边各是一条或两条较矮的侧廊，这为立面处理带来了很大的难题。基督教早期的建筑师们往往通过增设外拱廊或中庭以遮盖中厅和侧廊的交界处，从而忽略或逃避这一难题。因此，老圣彼得大教堂和 17 世纪重建前的拉特朗圣若望大殿等教堂的主入口都没有古典主义神庙立面的那种威严。最早是阿尔伯蒂在 15 世纪六七十年代提出了将古代神庙和基督教教堂立面相结合这一难题的解决方案。

　　在这三座位于威尼斯的教堂的立面中，帕拉迪奥基于将两个独立的神庙立面相连的想法发展出了一种解决方案。在圣方济各教堂和圣乔治马焦雷教堂中，中厅被处理成一个又高又窄的神庙，立面（图 176）由四根立

威尼斯，圣乔治马焦雷教堂，帕拉迪奥设计，1566年开始建造

174. 平面
175. 剖面

176 177

在高柱础上的大柱支撑一个非常显眼的三角山花。四根大柱背后一根连续的檐口形成了第二个、更宽的三角山花的下部，这层三角山花由多根较细的柱子支撑，和教堂的整个宽度一样宽。相同的想法在威尼斯救主堂得到了进一步的发展。救主堂的立面（图180）共有三个山花，正中的大山花背后是很高的长方形的阁楼层。整体的效果非常紧凑，构图逐渐向大穹顶增强。但是，正如平面所示，救主堂的两侧不是真正的侧廊，而是两边的礼拜堂的侧壁。因此救主堂入口立面的平面与同时代的罗马的耶稣教堂（图148）相似，但它的立面则明显更接近古典主义原型。

与复杂的立面相比，圣乔治马焦雷教堂和救主堂的平面东部与耶稣教堂等同时代的教堂差异更大，它们似乎与更早的教堂、甚至与帕拉迪奥在自己的著作中所描述的教堂设计思想都毫无关系。帕拉迪奥称自己是为了象征的目的才在圣乔治马焦雷教堂中采用十字的形式。但这个说法并不可信，因为任何传统的拉丁十字形式都比这一更短更宽、歌坛和耳堂以半圆形后殿结束的十字形式更具象征性。圣乔治马焦雷教堂和救

176. 立面
177. 室内

主堂两者的相似之处只能通过它们的功能来解释，因为它们每年都要迎来一次威尼斯总督的隆重拜访。按照一直延续到威尼斯共和国灭亡的威尼斯习俗，总督每年要在多个教堂根据与这些教堂相关的事件举行十次庄严的游行［Andate］。

　　从 13 世纪早期开始，圣乔治马焦雷岛［the island of S. Giorgio］的本笃会修道院得到了据称是圣司提反［St Stephen］的遗体。在圣司提反日，即 12 月 26 日，总督会庄重地列队从圣马可大教堂穿过大运河前往圣乔治马焦雷岛，随行的还有圣马可大教堂的唱诗班和一大群观众。他与本笃会团体一起举行一场由两个唱诗班一起唱的弥撒。由于圣乔治马焦雷教堂既是本笃会的建筑，又是接待威尼斯共和国高贵的访客的官方住所，因此教堂必须从一开始就能容纳一个需每天早晚唱日课的修道士唱诗班。同时，教堂还需要有足够的空间来容纳总督年度造访时浩浩荡荡的人群。

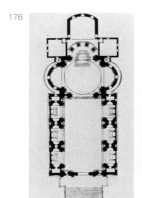 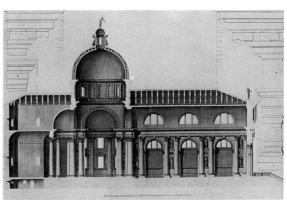

176　　177

威尼斯，救主堂，帕拉迪奥设计，1576年

178. 平面
179. 剖面

　　威尼斯救主堂则没有确立的游行庆典，因为根据建筑上的献词——"基督救世主，元老院针对严重疫情交付表决，1576 年 9 月 4 日"［CHRISTO REDEMPTORI CIVITATE GRAVI PESTILENTIA LIBERATA SENATUS EX VOTO PRID. NON. SEPT. AN. MDLXXVI.］，我们知道这座教堂是 1576 年大瘟疫结束后，在共和国政府的委托下建造的。元老院通过建造教堂的决议时，还决定总督必须在每年七月的第三个星期日举行游行作为感恩。我们知道，这一庆典虽没有圣乔治马焦雷教堂的盛大，但是也有为救主堂服务的圣方济各会人士以及来自圣马可大教堂的总督唱诗班的参与。因此，圣乔治马焦雷教堂和救主堂都需要在一年中的某一天容纳比平常大很多的集会，在教堂的唱诗班外还需为从别处来的唱诗班提供空间。

　　另外一个因素决定了这两座教堂的设计非常相似，但与其他教堂都很不同：在 16 世纪，圣马可大教堂的唱诗班无疑是全世界最优秀的

180. 立面
181. 室内

唱诗班之一。在唱诗班指挥安德里安·维拉尔兹［Adriaen Willaerts］、安德烈亚·加布里埃里［Andrea Gabrieli］和吉奥瓦尼·加布里埃里［Giovanni Gabrieli］之下，教堂发明了把唱诗班分成几队、分布在教堂内不同的地方的方法，来充分利用圣马可大教堂的共鸣效果。此后，他们逐渐形成了为分开或一起演唱的多个唱诗班写歌的传统。因此，这两座教堂可以说为解决这种演唱形式所带来的问题提供了最实际的办法，毕竟圣马可大教堂的唱诗班已经习惯于至少分两个声部演唱。

帕拉迪奥写给他在维琴察的一个朋友的一封信很好地展示了威尼斯救主堂的创作经过。起初，大家对新教堂应该采用什么形状的平面存在争论。元老院中，有至少 50 人支持集中式平面，但有两倍的人支持拉丁十字平面。于是，元老院决定让帕拉迪奥基于两种平面形式各提交一个模型，最终拉丁十字的方案被采用。帕拉迪奥本人估计更倾向于采用圆形或正方形平面，因为他在 1570 年曾这样写道："为了神庙形式的和谐，［我们］将采用最完美和最优秀的圆形；因为它本身如此简单、一致、均等、有力，也符合它的目的……最适合展现上帝的统一、无穷的本质、一致和公正。"尽管如此，估计帕拉迪奥自己也认识到他十年前在圣乔治马焦雷教堂发明的形状才是最可行的方案。当然，拉丁十字平面更容易为人接受，而帕拉迪奥当时很可能让人觉得老派，因为他坚持了伯拉孟特那代人的理想。

从建筑形式的角度而言，两座教堂最引人注目的特点是开敞的屏障的设置，观者能够通过它瞥见唱诗班。圣乔治马焦雷教堂主祭坛后的直墙是敞开的，由两根柱子支撑，效果相对简洁。唱诗班的歌声通过一排柱子传出，效果极其震撼；但建筑形式仍然非常简洁，可与古代建筑（与图 160 比较）相比，虽然制造声音效果并不是这种形式的初衷。

救主堂则更加复杂地表达了这一主题，因为半圆形的柱廊本身就非常震撼，让人觉得仿佛能看穿半圆形后殿。中厅尽端向外凸出的柱子加强了虚实交替的空间效果（图181），让观者觉得自己所在的长方形空间东面以一段台阶、明显向外凸出的墙和柱子为界，后面的交叉部好像一个封闭的半圆形空间，上为穹顶，而东端又再次开敞，为一排柱子。光在简单、洁白的内部空间内不断地变化，形成了一系列随着昼夜、季节变化的几乎无穷无尽的空间效果。

帕拉迪奥绝大多数的建筑思想，特别是他关于和谐比例的诸多原则，也可见于他在维琴察及周边地区所建的为数众多的别墅。这些别墅有不少留存至今，没有留存至今的则可以通过他书中的插图了解。但这些别墅最好与其他16世纪的别墅，比如维尼奥拉设计的别墅，一起理解，因此将在另一章中集中介绍。

第十三章 | 别墅：维尼奥拉和帕拉迪奥

　　意大利很早就出现了城市生活。正因如此，对乡村生活的欢乐的怀旧情绪作为现代城市生活的一个显著特征也始于 14 世纪末或 15 世纪初的意大利。维拉尼 [Villani] 在 1338 年，薄伽丘 [Boccaccio] 和彼特拉克 [Petrarch] 在稍迟一些都用文字表达了这种怀旧之情。但更有可能的是，这些作家对乡村的热情并没有对模仿古典主义的文学形式的热情高。城市居民这种特别的痛苦对古罗马人而言并不陌生，小普林尼 [Pliny the Younger] 曾多次在信中流露出逃离到既安宁又文明的乡村隐居处的渴望。玛达玛别墅就是按照小普林尼的描述重建古罗马郊区别墅的一次尝试。在之后的两个世纪里，这样的别墅在罗马的郊区，特别是弗拉斯卡蒂 [Frascati] 和蒂沃里 [Tivoli] 大量建造起来。早在 15 世纪中叶，阿尔伯蒂就在自己的著作中与古罗马人一样明确地区分了一般的别墅和郊区别墅：前者是农场，后者往往就在城墙外，单纯为享受和很短暂的停留所建。绝大多数郊区别墅，比如得特宫，都离城市非常近，所以不设卧室，纯粹是用来宁静地度过炎热的一天。佛罗伦萨周边也建造了很多这样的别墅，其中不少留存至今，当然也有很大规模的损毁，比如很多别墅毁于 1529 年的罗马之劫。这些别墅和位于威尼托的更重要的别墅都属于富人。它们往往自给自足，别墅周边的农场会为其提供玉米、油和酒。而自格列高列十三世 [Gregory XIII]（1572—1585）在罗马外的山上建造别墅后，枢机主教和一些教皇开始建造另一种完全不同的别墅。

　　这种别墅大多由意大利显赫家族中担任枢机主教的成员建造，其中不少留存至今，现在仍归这些家族所有。它们与意大利北部常见的别墅的不同在于，它们的装饰更为繁复，往往带有美丽的花园，而北部的

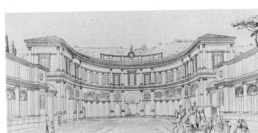

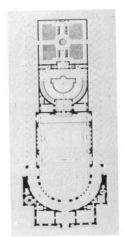

罗马，朱利亚别墅，维尼
奥拉、阿曼纳蒂和其他人
设计，1550—1555年

182. 花园立面
183. 睡莲殿
184. 平面
185. 立面

别墅本质上几乎都仍是一座农场。 北部的别墅中最著名的两座都是维尼奥拉设计的，其中一座是为儒略三世建造的位于罗马城边的朱利亚别墅，现在是伊特鲁里亚博物馆 [the Museum of Etruscan Antiquities]（图182—185）；而另一座是位于维特尔博附近的卡普拉罗拉的大城堡，目前是意大利总统的官方夏季住所。朱利亚别墅是维尼奥拉的第一个重要项目，但是我们并不能确定有多少是他设计的。别墅在 1550 年至 1555年间建造，我们知道维尼奥拉和阿曼纳蒂都受雇于这一项目，瓦萨里在某种意义上是监工，而米开朗基罗和教皇本人也参与了设计。不过，基本可以确定的是维尼奥拉设计了别墅本身，而阿曼纳蒂设计了花园和附带的建筑。1553 年制造的一枚勋章说明，别墅基本按照原本的设计建造，只有两个小穹顶被省略了。平面（图 184）说明儒略三世的确想让人联想起他的前任儒略二世所建造的观景楼，而建筑后部的半圆形庭院也让人联想起玛达玛别墅，与玛达玛别墅一样参考了小普林尼的描述。别墅内部和外部在平面上的显著区别也反映在立面上。别墅正面（图 185）非常简单、朴素，只有窗框所带来的一些肌理和对双重凯旋拱券等竖向中心元素的强调。同样采用凯旋拱券形式的主入口有明显的粗面砌筑，让人联想起维尼奥拉和阿曼纳蒂。它与凯旋拱券主题这一形式一起构成了一个简朴的主入口立面。别墅本身，即小别墅 [Casino]，规模很小，因为它并不用来居住，与梵蒂冈宫 [the Vatican Palace] 也非常近。穿过主入口后，人们会看到建筑后侧的立面（图 182）。它由一个半圆形的柱廊和其上表面光滑的镶板构成，与主入口立面形成鲜明的反差。它与外立面一样，在中间重复凯旋拱券、在两端重复大拱券的主题。拱廊的柱子上有笔直的柱顶楣构，这几乎可以肯定是维尼奥拉从米开朗基罗在卡比托利欧广场的府邸中参考来的形式。

　　别墅本身的弧形形状、精细的造型与占据花园正中的外拱廊，即睡莲殿 [Nymphaeum]（图 183）形成对比。阿曼纳蒂设计的睡莲殿重复

卡普拉罗拉，法尔内塞别墅，维尼奥拉设计，1559年起

186. 总鸟瞰

187. 庭院

188. 展现平面和剖面的示意图

了别墅的布局，立面平整，背后则有一个向内的大曲线，大曲线由两段向下通往水景花园的台阶构成。花园部分的建筑形式不出所料地比别墅本身更加自由和富有想象力。维尼奥拉和阿曼纳蒂在两人各自的第一个重要的委托项目中成功合作，通过作品向儒略三世和他的顾问们致敬。

卡普拉罗拉的别墅（图186—188）则非常不同，它由小安东尼奥·达·桑加罗和佩鲁齐在16世纪20年代初开始设计。它是新发家的

美第奇别墅

189. 卡雷吉，由米开罗佐改建

190. 波焦阿卡伊阿诺，朱利亚诺·达·桑加罗设计，15世纪80年代

法尔内塞家族的总部，矗立在他们广袤的土地正中。或许正因如此，这座雄伟的建筑呈五边形，因为那时五边形是堡垒建筑很受欢迎的一种平面形式。之前的建筑师决定了建筑的形状和正圆形的内部庭院。维尼奥拉于 1559 年接手这一项目，一直工作到 1573 年他去世。正面可以看到最初的建筑师所建造的雄伟的防御工事和五边形的形状，底部的外拱廊和大台阶也很可能是由他们设计的。正门被维尼奥拉收入他的论著，因

此应该是他设计的，而主要层及其上的部分则毫无疑问是他设计的。立面划分成竖直元素，端头采用平整表面，外墙角使用粗面转角石形成装饰纹理，还有壁柱的平板效果和一楼门廊的装饰线条，都是他的风格特征。开敞外拱廊的两端都是一个封闭的开间，采用了与朱利亚别墅非常相似的窗楣。建筑的顶层上设有阁楼层，它们通过壁柱与主要层相连。通过立面可以看出，别墅的房间布局非常局促，很不舒适，上部尴尬地退到壁柱之后。别墅面对的问题是要为陪伴法尔内塞家族出行的为数众多的随从提供足够的居住空间，同时还要为永久的居住者提供房间。从这个角度而言，卡普拉罗拉的别墅并不是严格意义上的别墅，更准确的定义应该是城堡。内部庭院也是基于小普林尼对圆形庭院的描述建造的，但其中有不少元素与伯拉孟特的非常相似。粗面砌筑的底层、底层的柱子与顶层的开口虚实的交替都是对伯拉孟特的拉斐尔住宅的重塑。而开间本身——两侧为半柱的小长方形开口紧接着一个大型圆拱开口——与伯拉孟特在观景楼中设计的基本形式（图 81）几乎完全相同。另一个把这两座建筑联系起来的重要细部是檐口，只是在柱上断开、向外突出，而柱础则完全独立。最后，精妙的装饰丰富的螺旋楼梯则是伯拉孟特在观景楼中的著名楼梯的放大版。

这种较为简单的农舍式的别墅可以追溯到佛罗伦萨的案例，其中一些归美第奇家族所有。最重要的两幢美第奇别墅是卡雷吉别墅［Careggi］

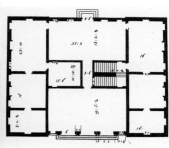

192

193

194

191. 蓬泰卡萨莱[Pontecasale]，加佐尼别墅，圣索维诺设计，约1540年

192、193. 克里科利，维琴察附近，特里西诺别墅，特里西诺设计，1536/1537年

帕拉迪奥式别墅的起源
194、195. 罗涅多，高迪别墅，帕拉迪奥设计，约1538年

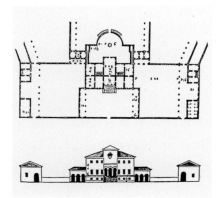

195

和波焦阿卡伊阿诺别墅 [Poggio a Caiano]（图 189、190）。卡雷吉别
墅原本是 14 世纪的一座农舍，15 世纪由米开罗佐改建。更新、更雄伟
的波焦阿卡伊阿诺别墅则是朱利亚诺·达·桑加罗在 15 世纪 80 年代
改造的。目前的马蹄形楼梯间可以追溯到 17 世纪，而宽阔、甚至有些
比例失当的拱廊和其上的山花可能是把古典主义神庙正立面应用于别墅
的最早的一个案例。别墅的平面也严格对称。这两点都是帕拉迪奥设
计的诸多住宅的基本特征。帕拉迪奥并不是第一个在威尼斯的领地建
造别墅的建筑师，因为那里起码有圣索维诺和圣米凯利设计的两个重
要原型。圣米凯利设计的拉索兰扎别墅 [the Villa La Soranza] 建造于
1545 至 1555 年，但现已损毁。圣索维诺设计的加佐尼别墅 [the Villa
Garzone]（图 191）建于 1540 年左右，这幢别墅非常重要，因为它有
一个双拱廊和两个向外突出的侧翼，符合对称布局，而且使用了文艺复
兴盛期的建筑语言。圣米凯利的被损毁的别墅通过连接墙将主建筑与农
舍建筑相连，帕拉迪奥采纳并发展了这种做法。但对帕拉迪奥式的别墅
影响最大的是帕拉迪奥的老师特里西诺。特里西诺在 1536/1537 年，即
在帕拉迪奥建造拉索兰扎别墅和加佐尼别墅之前，为自己建造了一座别
墅（图 192、193）。这座别墅即克里科利别墅 [Villa Cricoli]，是基于
维特鲁威的描述和塞利奥书中玛达玛别墅的图建造的。但整体看来，它
却与罗马的法尔内塞纳别墅更为相似，特里西诺应该知道这座建筑。克
里科利别墅由双拱廊构成，两边的侧翼塔楼微微向外突出。因此，平面（图
193）的基本形式除了突出的两翼，与法尔内塞纳别墅（图 111）非常相似。
平面在布局上严格对称，同时也体现了帕拉迪奥的别墅的其他主要特点，
即房间的布局不但符合数学比例，而且与周边的房间构成序列，从而在
整体上形成数学和谐。因此，每边的三个房间宽度相等，但长度不等，
正中的房间为正方形，侧边的房间大约呈 3∶2 的比例。帕拉迪奥在实
际操作中经常违背这一原则，但他论著中的插图上都标明尺寸，清晰地

帕拉迪奥设计的别墅

196. 马尔康腾塔别墅，
梅斯特雷附近，1560年

197. 圆厅别墅，维琴察，
1567/1569年开始建造

198. 马尔康腾塔别墅，
平面和剖面

199. 圆厅别墅，维琴察，
平面和剖面

196

197

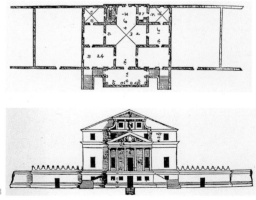

198

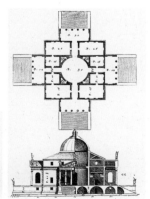

199

说明他非常重视这一原则。

帕拉迪奥自己的第一次尝试——位于罗涅多［Lonedo］的高迪别墅［the Villa Godi］，效果不及特里西诺的别墅，特别是立面（图194、195）。1570年出版的《建筑四书》中给出的平面和立面明显经过了修整，代表了帕拉迪奥关于别墅设计的成熟思想。农舍建筑与别墅建筑相连的原则通过墙和柱廊在平面上体现出来，而房间变化序列的原则则可由控制房间尺寸的数字16：24：36体现。正中的元素，即通向三重拱券入口的一段台阶，向内凹进，但在建筑背部则凸出同样的长度，因此与帕拉迪奥所有的别墅相同，整个形状大致为立方体。与他更成熟的作品相比，高迪别墅缺少一个特征，那就是没有将古典主义神庙立面用于农宅（图196、197），不过也可以说三重拱券入口是这种做法的原始形式。而这一做法则可见于他所有设计风格成熟的平面，如1560年的马尔康腾塔别墅［the Villa Malcontenta］（图198）。

帕拉迪奥有着非常渊博的古代建筑知识，不过他无法获得古代别墅的一手资料，而维特鲁威和小普林尼的描述又相当模糊。他关于神庙和公共

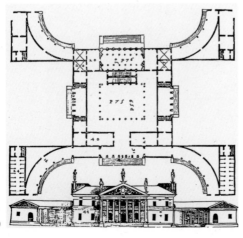

200

200. 为莫塞尼戈家族设计的别墅方案，未建造。出自帕拉迪奥《建筑四书》，1570年

201

建筑的知识让他错误地认为古罗马人"很有可能从私人建筑，即住宅中，获取了想法和理性"，因此他设计的所有别墅都有一个令人印象深刻的入口门廊。这在阳光强烈的意大利颇有必要，但是很多英国和美国的乡间住宅也都有巨大、不方便且透风的门廊，纯粹是由于帕拉迪奥错误地理解了古代住宅。他的作品魅力如此强大，以至于所有18世纪的英国建筑师都不顾它在北方气候下完全不实用的事实，依然复制了这一要素。

据说马尔康腾塔别墅得名于一个曾经在里面生活、但对别墅并不满意的女人，但我们很难相信住在布伦塔运河边这么美丽的一座别墅中，还有人能不满意，不过别墅之前破败的样子倒是有可能催生令人愉悦的忧伤之情。位于高台基上、两边各有一段台阶的门廊是这座别墅最主要的特征。从平面上可以看出，房间布局以一个径深是宽度一半的体块为基础，正中为一个十字形大厅，房间则按照精心计算过的有韵律的比例布置在十字厅各翼的边上。绝大多数帕拉迪奥设计的别墅都将主要的房间

201. 帕拉迪奥位于马塞尔的别墅，约1560年，有委罗内塞的壁画

布置在正中，很多还用穹顶为主要的房间提供采光。其中最严格对称的是位于维琴察外、1567/1569 年开始建造的圆厅别墅 [the Villa Rotonda]（图197、199）。其实，这座别墅准确来说属于郊区别墅，因此在帕拉迪奥的心目中是一座较为正式的建筑。平面显示别墅围绕圆形的中厅完全对称，为了严格对称，甚至将主入口门廊在另外三面都加以重复。圆厅别墅这种正式的美感使其在帕拉迪奥的作品中一直具有很高的地位，曾经一度在英国有至少三件复制品。其中之一是伯灵顿勋爵 [Lord Burlington] 位于切斯威克的别墅。这是英国建筑的一个杰作，从某些方面来说是对圆厅别墅的原型加以改进。圆厅别墅是帕拉迪奥死后，他的学生文森佐·斯卡莫奇（1552—1616）完成的。如果将照片和帕拉迪奥书中的木刻图相比较，就能看出斯卡莫奇改变了穹顶的形状，并将阁楼抬高。斯卡莫奇最著名的作品是新行政官邸大楼 [the Procuratie Nuove]，这是威尼斯圣马可广场的一个重要地标，可与圣索维诺的图书馆相媲美。他也撰写了一部篇幅巨大的关于建筑的论著 [33]，并设计了很多帕拉迪奥风格的别墅。其中最著名的一座是位于帕多瓦附近、1597 年左右建造的莫林别墅 [the Villa Molin]。它是伊理高·琼斯设计的位于格林尼治的皇后行宫 [the Queen's House] 的最主要的参考之一。不过，琼斯曾在威尼斯见到过斯卡莫奇本人，对他评价很低。他们显然在某些建筑问题上意见相左，琼斯曾生气地写道："但是这个斯卡莫奇瞎了，完全看不见。"

另一座帕拉迪奥晚年设计的别墅虽然从未建造，但也对英国建筑影响深远，这便是为列奥纳多·莫塞尼戈 [Leonardo Mocenigo] 设计的位于布伦塔运河边的别墅方案（图 200）。帕拉迪奥曾在自己最后一个别墅设计（即圆厅别墅——译者注）中出现了这一方案。这一方案特别有意思，也非常复杂，因为它由一个很大的立方体构成，立方体各面均有门廊，正中则为中庭。四个对称布置的四分之一圆弧形拱廊把附属建筑和主建筑相连，从而形成了两个主要的透视角度：其一是从侧面看位于两个长方体体块间的门廊。而更重要的则是从背后和正面看帕拉迪奥所说的像向外伸展的双臂一般迎接客人的柱廊。

马塞尔别墅也建于 1560 年左右，是简单的农场别墅一个保存完好的案例。但它的荣耀并不在于它是帕拉迪奥设计的，而在于委罗内塞绘制的一系列精美绝伦的充满幻想的壁画（图 201）。这是大型风景绘画的一个最早的"现代"案例，虽然古代别墅中也有这样的壁画，但是优秀的建筑和优秀的绘画的结合却是意大利文艺复兴中一个最美好的时刻。将两种或两种以上的艺术形式结合起来的能力也恰恰是巴洛克风格的特征之一，这在位于蒂沃里和弗拉斯卡蒂的宏伟的宫殿中也有体现。16 世纪中叶的埃斯特别墅 [the Villa D' Este] 因其喷泉众多、柏树成行的美丽花园而著名。16 世纪 70 年代建造的蒙德拉戈别墅 [the Villa Mondragone] 则是通过将相对简单的建筑合理布局，从而充分利用了下降的地势，将自然之美和建筑之美相结合的一个精彩案例。或许应该用贾科莫·德拉·波尔塔在 1598 年到 1603 年之间建造的阿尔多布兰迪尼别墅 [the Villa Aldobrandini]（图 202）作为本书的结尾。别墅本身和它那巨大的断裂的山花是德拉·波尔塔风格主义一个很好的案例。而装饰丰富的雕塑、简单的建筑形式、自然的草木和在罗马夜晚回音袅袅的精美喷泉的结合才是它最美的地方。

202. 弗拉斯卡蒂，阿尔多布兰迪尼别墅，贾科莫·德拉·波尔塔，1598—1603年

202

注 释

1 这一版本，作为至少两个版本中的一个，引自 E. G. 霍尔特 [E. G. Holt] 的《艺术史文献》[*A Documentary History of Art*]，纽约，1957 年，I，291 页起。

2 引自 J. B. 罗斯 [J. B. Ross] 和 M. M. 麦克劳林 [M.M.McLaughlin] 编辑的《文艺复兴读本》[*The Renaissance Reader*]，纽约，1958 年，384 页。

3 圆形的完美是上帝的完美的体现这种说法并不是由帕拉迪奥发明的——早在一个世纪之前，库萨的尼古拉枢机主教 [Cardinal Nicholas of Cusa] 就这样写道："在主那里……开始与结束是一体的……我们也可能从无穷的圆形中领会到这一点，圆形没有开始也没有结束，是永恒的、无穷的整体，容量无限。"参见 P. 伯克 [P. Burke] 的《文艺复兴》[*The Renaissance*]，伦敦，1964 年，73—74 页。

4 埃米尔·马勒 [E. Mâle]，《罗马早期教堂》[*The Early Churches of Rome*]，伦敦，1960 年，29 页。

5 轴测图首先将平面图旋转到合适的角度，准确地绘制，然后在其上按比例绘制竖直部分。这意味着建筑所有的水平元素和竖直元素都按照同一比例准确地体现在轴测图上。所有既不竖直又不水平的元素则被扭曲；但是只要学会忽视扭曲，人们可以从轴测图中了解到很多关于结构的信息。

6 罗马的密涅瓦神庙的穹顶在伯鲁乃列斯基时依然存在，因此很有可能是他的想法来源，虽然严格来说，穹顶并不是由帆拱支撑的。

7 参见《建筑原理》[*Architectural Principles*]，第三版，1962 年，47 页起。

8 但圣十字教堂只残缺不全地保留下来。

9 1310 年，医生和药剂师行会覆盖了 100 种职业。

10 参见 F. A. 格雷格 [F. A. Gragg] 和 L. C. 加布尔 [L. C. Gabel] 所编的《一位文艺复兴时期的教皇的回忆录》[*Memoirs of a Renaissance Pope*]，纽约，1959 年，282—291 页。

11 同上，289 页。

12 "费德里克斯、蒙特菲尔特罗山乌尔比诺等 [Federicus, Montis Feretri Urbini etc]……我们到处寻找，特别在（建筑的源泉）托斯卡纳，但都没有找到一个真正有技术的、学会了所谓的奥秘的建筑师；但最终我们听说这一专利的持有人——优秀的卢恰诺大师的名声，他的名声也经实践证明……我们任命这位卢恰诺大师作为监工和所有建造 [这座府邸] 的大师的领导……1468 年 6 月 10 日。"

13 可能类似于文书院宫的顶层？

14 费德里戈于 1474 年成为公爵。这些题字将其称之为伯爵 "CO[MES][Count]"，因此一定早于 1474 年；而那些将他称为公爵 "DVX" 的题字则是 1474 年或之后的。费德里戈于 1482 年去世。

15 达·芬奇关于解剖学的手稿包括以下段落："你将熟悉每个部分……通过三个角度

展示的方法；比如当你从正面看到一个器官……你也会从侧面和背面看到这一器官，就好像你将它捧在手中，不断地将它转动，直到完全弄懂……"

16 参见桑加罗在圣灵大教堂的洗礼堂（图25）。

17 比如，位于伯利恒的圣诞教堂和位于耶路撒冷的圣墓教堂。

18 后来经过修改：比较图 75 和图 76。

19 版画（图 78）为理想状态；事实上，仆人需要睡到别的地方，图纸（图 79）展示了陇间壁之间的阁楼窗。此后的府邸说明这一问题通常是用类似的方法解决的——参见图 103。

20 以往一般认为这座府邸于 1515 年开始修建，但最近有人提出它在更早就开始建造了，从而否认拉斐尔是其创作者。瓦萨里认为它是拉斐尔的助手——洛伦泽托[Lorenzetto] 的作品。

21 另一种说法，即他 1492 年出生（瓦萨里的看法，但未明确说）似乎更为合理。但是有文件记载朱利欧于 1546 年 11 月 1 日以47 岁的年龄于曼托瓦的医院去世，这似乎又确定了他是 1499 年出生的。然而，瓦萨里的信息主要来自于朱利欧本人，而更早的出生年份也让他的风格更容易理解。

22 古罗马人把别墅定义成郊区 [suburbana] 别墅和乡村 [rustica] 别墅两种。郊区别墅与城市较近，不是居住用的，因此不需要设置卧室。而乡村别墅则是更为独立的有农田的乡间住宅。

23 帕拉迪奥母题很可能源自古罗马，在文艺复兴时期由伯拉孟特首先使用，在意大利语中以塞利奥的名字命名，被称作塞利奥[serliana] 母题。

24 府邸现为法国在罗马的大使馆，但周日上午对公众开放。

25 我们不能教条地看待此事，因为很多此前的建筑就有大型柱式将底层和夹层相连，有些夹层规模很大，可以看作二层。

26 但最近发表的一份文献显示，这座礼拜堂早在 1529 年就在建造中了。

27 这解释了为什么在这本 1568 年出版的书的现代版本中能看到 1570 年的参考文献。两个版本均可见于 Club del Libro 版，米兰，第七卷，1965 年。

28 在多立克柱式中（如图 138 中的图书馆底层），有时刻有浮雕的正方形部分（陇间壁）和三根有凹槽的竖条（三陇板）在柱上的楣板中交替出现。

29 最早于 1966 年在米兰出版。

30 1968 年，它仍非常破败。

31 从根本上来说，这些教堂都源自阿尔伯蒂约 1450 年在佛罗伦萨的新圣母大殿中所发明的形式，这种形式在 15 世纪经圣阿戈斯蒂诺教堂 [S. Agostino] 和人民圣母教堂传入罗马。

32 拉特朗府邸是法尔内塞宫一个较弱的发展。

33 《通用建筑思想》[Dell' Idea dell' Architettura universale]，威尼斯，1615 年。最早于1669 年翻译成英文。

参考文献

关于文艺复兴建筑的文献列表分为两个较为独立的部分。第一部分是关于早期的著作和资料读本的，较为详细。自本书 20 年前首次出版后，大量建筑经典的复本重新出版，这版也尽量记录了这些新重印的版本。第二部分是一份书本列表，主要是近期出版的关于文艺复兴时期的总体介绍。之后则尽可能全面地列出了一些关于某一建筑或问题的专著和书籍。当然也有很多意大利语和德语的重要著作，但与期刊文献一样，它们可在本书引用的大部分著作的参考文献中找到。

1. 原始资料

小普林尼在《信件集》[Letters] 中对古罗马建筑的描写推动了论著的撰写，在 15 世纪也出现了很多版本。而维特鲁威的《建筑十书》作为留存至今的唯一一部技术著作，则起到了更重要的推动作用。15 世纪意大利传有多个手抄本。而最早的印刷版大概是在 1486 年出版于罗马；此后迅速出现了几个其他版本，但第一个较好的、配有评论和插图的拉丁语版是由弗拉·焦孔多 1511 年（和 1513）在威尼斯出版的。最早的意大利语版是伯拉孟特的学生切萨雷·西萨里亚诺翻译的（科莫，1521），于 1968 年出版了重印版。1521 年的版本迅速就被 Lutio（威尼斯，1514）和 Caporali（佩鲁贾，1536）抄袭；但它们都被达尼埃莱·巴尔巴罗的版本（威尼斯，1556）超越，这一版本里有帕拉迪奥的木刻插图（见图 163）。标准的现代版本是 M. Morgan（哈佛，1914，以及之后的简装版）和 F. Granger（Loeb 编辑，伦敦，1934）翻译的版本。

阿尔伯蒂的《建筑论》明显基于维特鲁威的著作，甚至也分成十本书。该书在阿尔伯蒂生前只是以手稿形式流传，但印刷版早在 1485 年就在威尼斯出版了，因此很可能就是在维特鲁威《建筑十书》的印刷版出版前出版的。意大利语版包括 P. Lauro（威尼斯，1546）和更重要的 Cosimo Bartoli（佛罗伦萨，1550；威尼斯，1565）版本，后者也是最早有插图的版本。该书由威尼斯建筑师 Giacomo Leoni（伦敦，1726 及之后）翻译成英文，并由 J. Rykwert 再版（伦敦，1955）。《建筑论》还曾将原本的拉丁文版和 G. Orlandi 的意大利语翻译和注释一起重新出版（两卷，米兰，1966）。

另外两部相对不那么重要的著作写于 15 世纪，以手稿的形式流传。费拉莱特的《论建筑》[*Trattato di Architettura*] 于 1464 年之前写成，是一个有意思的杂糅，包括关于逝去的古代城市的传说和对理想城市的描述，费拉莱特希望现代统治者能按照古典主义原则来建造这一城市。J. Spencer 的版本（纽黑文和伦敦，1965）里包括费拉莱特在佛罗伦萨呈献给皮耶罗一世·德·美第奇的手稿的重印和完整的英文翻译（见第 110—114 页）。A. Finoli 和 L. Grassi 编辑的两卷意大利版于 1972 年在米兰出版。弗朗切斯科·迪·乔尔吉奥也撰写了一部关于建筑的论著，相关的版本可以追溯到 1456/1502 年，其中一个版本还为列奥纳多·达·芬奇所知。都灵 1841 年曾出过一版，Maltese 和 Maltese Degrassi 编辑的现代版于 1967 年在米兰出版。

杰出的《寻爱绮梦》[*Hypnerotomachia Poliphili*] 最多只是一部建筑短篇小说，并非一部著作，但却非常重要。它最初于 1499 年由 Aldus Manutius 发表于威尼斯，可以说是出版过的最美的书之一。一个精美的重印版于 1963 年在伦敦出版。

我们已经简要介绍了塞利奥的著作（197 页起），完整的文献记录见 W. B. Dinsmoor《艺术简报》[*Art Bulletin*]，24 卷，1942 年。在此基础上还应加入未发表的 1619 年版的重印版（伦敦，1964）和之前未发表的第六卷手稿（两卷版，米兰，1966）。维尼奥拉的《建筑的五种柱式》于 1562 年出版（估计在罗马出版）。从 17 世纪开始，多个法文和英文版译本出版（维尼奥拉的著作在意大利的影响力特别大），但并没有现代的版本。维尼奥拉原本的手稿现藏于佛罗伦萨的乌菲齐美术馆。

帕拉迪奥伟大的著作《建筑四书》最初于 1570 年在威尼斯出版（重印版，米兰，1945 及之后），曾多次重印。它是英国和美国帕拉迪奥主义的基础，英文版包括 1676 年、1683 年和 1733 年的版本（均由 G. Richards 完成），但更重要的译本是 G. Leoni（伦敦，1715—1720 和 1742，内含伊理高·琼斯的注释）、Colen Campbell（只包括第一书，1729）和 I. Ware（伦敦，1738；于纽约重印，1965）的版本。帕拉迪奥的其他著作包括两本关于罗马的指南，即《罗马古迹》[*Lantichita di Roma*]（罗马，1554）和《罗马城中的教堂、车站……介绍》[*Descritione de le Chiese, Statione … in la Citta de Roma*]（罗马，1554）。两者均重印于 P. Murray 的《罗马和佛罗伦萨的五本早期指南》（*Five Early Guides to Rome and Florence*）（法思伯勒，1972）。巴尔巴罗的维特鲁威著作中有帕拉迪奥绘制的插图。帕拉迪奥还于1575年出了一版恺撒《战记》[*Commentaries*]，并为其绘制插图。他绘制的古罗马遗迹（见图160）可能考虑到了出版的需要：伯灵顿勋爵于1730年将这些图出版（1969重印）。这些图现在也是位于伦敦的英国皇家建筑师学会最重要的珍宝。帕拉迪奥的继任者文森佐·斯卡莫奇也出版了《关于罗马古迹的论述》[*Discorsi sopra l'antichità di Roma*]（威尼斯，1582）和他更著名的冗长枯燥的《通用建筑思想》[*Dell'Idea dell'Architettura universale*]（威尼斯，1615）。后者的英文版出版于1669年，之后还有多个版本。1615年版的重印版于1964年作为两卷本在伦敦出版。

L. Fowler 和 E. Baer 的《约翰霍普金斯大学富勒建筑集》[*The Fowler Architectural Collection of The Johns Hopkins University*]（巴尔的摩，1961）的目录是上述所有和其他建筑著作的一份精彩的文献整理。

在这些著作之外，还有一些早期的书籍是关于建筑师和他们的著作的不可或缺的信息来源，其中最重要的是乔尔乔·瓦萨里的《著名画家、雕塑家、建筑家传》[*Vite de Piu Eccellenti Architetti, Pittori, et Scultori Italiani, da Cimabue insino a'Tempi Nostri*]（佛罗伦萨，1550和1568）。标准版仍然是 G. Milanesi 的九卷版（佛罗伦萨，1878—1885），但现在有 Club del Libro 出版的更方便、更新的八卷版（米兰，1962—1966）。R. Bettarini 和 P. Barocchi 编辑的杰出的现代版将重印1550年和1568年两版的文字，正在准备中（佛罗伦萨，1966— ）。该书有多个英文版，完整版和选编版都基于1568年版的文字。最好的完整版仍是 G. de Vere 的十卷版（1912—1915），可惜的是该版一直没有包含注释。这一版最近重印。最有用的选编版是企鹅经典系列出版的 George Bull 的新版翻译（1965及之后）。《伯鲁乃列斯基传》[*Life of Brunelleschi*] 现在普遍被认为是 Manetti 所著，最近 D. De Robertis 和 G. Tanturli 的现代版出版（米兰，1976），H. Saalman 和 C. Enggass 的英文版是基于更早出版的特别难懂的托斯卡纳语版本。上述作家和其他作者的较短的文摘可见于 E. G. Holt 的《艺术史文献》[*A Documentary History of Art*] 第一、二卷，纽约，1957—1958年以及 D. Chambers 的《意大利文艺复兴时期的赞助人和艺术家》（伦敦，1970）。后者涵盖一些涉及建筑的文件。A. Bruschi 等编辑的《文艺复兴时期的建筑文学作品》[*Scritti Rinascimentali di Architettura*]（米兰，1978）选录了一些原文和注释。

老的版画（大多非常精美）可以提供关于建筑的大量信息，特别是修建过的建筑，其中最重要的是 16 世纪和 17 世纪出版的由杜佩拉克、Lafreri、Ferrerio 和其他人绘制的系列，其中一些收录在本书中。Ferrerio 和 Falda1655 年的《罗马府邸》[*Palazzi di Roma*] 于 1967 年重印。这些版画往往根据顾客的需要成套出版，因此某一建筑未必会出现在每套版画之中；作为标准的一套出版的最伟大的版画无疑是 P. Letarouilly 的《现代罗马建筑》[*Edifices de Rome moderne*]（三卷，1840—1857）。这曾经有精选版再版（伦敦，1944 及之后），而 Letarouilly 关于圣彼得大教堂和梵蒂冈（1863 和 1882）的伟大的作品，在他去世时尚未完成，也以两卷的形式再版（1953—1963）。

2. 历史学家

对意大利建筑的学习应从熟悉意大利生活、艺术和历史开始。Jacob Burckhardt 的《意大利文艺复兴时期的文明》[*Civilization of the Renaissance in Italy*] 最早出版于 1860 年，英文版再版多次，仍是一本必不可少的著作。D. Hay 的《历史背景下的意大利文艺复兴》[*The Italian Renaissance in its Historical Background*]（1961 及之后）则是更现代的著作。

关于古典主义建筑基本原则最好的论述是 John Summerson 爵士的小册子——《建筑的古典语言》[*The Classical Language of Architecture*]（1963 及之后；修订版，1980）。Geoffrey Scott 的《人本主义建筑学》[*Architecture of Humanism*] 最早出版于 1914 年，现在已经过时了，但仍令人钦佩地展现了在古典主义传统下工作的建筑师所追寻的质量。更早的由 Heinrich Wölfflin 撰写的《文艺复兴和巴洛克》[*Renaissance and Baroque*]（1888；英文版，1964）则提供了另一种观点，但标准的现代著作是 R. Wittkower 的《人文主义时代的建筑原理》[*Architectural Principles in the Age of Humanism*]（第三版，1962），目前这一主题最重要的近期的著作是 N. Pevsner 的《欧洲建筑纲要》[*Outline of European Architecture*]（尤其是 1960 年 Jubilee 的版本），里面有关于意大利建筑的重要的一章，必须作为建筑史的入门读物阅读。Bannister Fletcher 爵士著名的《历史》[*History*]（第 18 版，1975）内含大量的平面、剖面和其他不容易在别的书上看到的图，以及技术术语汇编，但作为历史书在整体上却差强人意。建筑术语往往是一个障碍，尽管真正要用的那些很快就可以掌握。

自从本书的第一版出版以来，两部有价值的指南书出版了：J. Fleming，H. Honour 和 N. Pevsner 的《企鹅建筑学词典》[*Penguin Dictionary of Architecture*]（1966 及之后），里面有各位主要建筑师的生平简介、术语的定义以及部分术语的插图；J. Harris 和 J. Lever 的《图解建筑术语：850—1830 年》[*Illustrated Glossary of Architecture, 850—1830*]（1966）。这与此前的词典不同，全部都有插图，所以读者不需要知道自己要找的是什么词，只需要在某一插图的建筑中观察某一不熟悉的构件，就可以知道这是柱顶板还是别的什么。

本书初版以来的 20 年间，大量专门探讨意大利文艺复兴的著作出版，优秀的鹈鹕艺术史 [Pelican History of Art] 现在收录了 L. Heydenreich 和 W. Lotz 的《意大利建筑，1400—1600 年》[*Architecture in Italy,1400—1600*]；Lotz 的《文艺复兴建筑研究》[*Studies in Italian Renaissance Architecture*] 出版于 1877 年，而德语经典——Burckhardt 的《意大利文艺复兴建筑》[*Architecture of the Italian Renaissance*] 最初出版于 1867 年，其英文版于 1985 年出版。关于托斯卡纳的论述参见 C. von Stegmann 和 H. von Geymüller 的《托斯卡纳的文艺复兴建筑》[*Die Architektur der Renaissance in Toskana*]（最初为 11 卷，1885—1908；精简英文版，两卷版，纽约，1924）；关于威尼斯的论述参见 D. Howard《威尼斯建筑史》[*The Architecture History of Venice*]（伦敦，1980）；关于罗马的论述参见 T. Magnuson 的《罗马 15 世纪建筑研究》[*Studies in Roman Quattrocento Architecture*]（斯德哥尔摩，1958），但此书探讨的主题相对局限。D. Coffin 的书名为《文艺复兴时期的罗马别墅》[*The Villa in the life of Renaissance Rome*]，C. Frommel 的《文艺复兴盛期的罗马府邸》[*Römische Palastbau der Hochrenaissance*]（蒂宾根，三卷，1973）非常细致地探讨了罗马的府邸，但可惜并没有英文版。Georgina Masson 的《意大利别墅和府邸》[*Italian Villas and Palaces*]（1959）虽然不是一部历史著作，但收录了很多精美的照片，她也很大方地允许本书采用其中一些。R. Goldthwaite 的《佛罗伦萨文艺复兴建筑》[*Building of Renaissance Florence*]（1980）虽然是一部经济和社会史著作，但对建筑而言也极其重要。

其他一些较为重要的非英语著作包括：A. Venturi 的《意大利艺术史》[*Storia dell'arte italiana*]，第八卷，第 1、2 部分和第十一卷，第 1 至 3 部分（1923—1940）；G. Giovannoni 的《文艺复兴时期建筑随笔》[*Saggi sulla Architettura del Rinascimento*]（第二版，1935）；J. Baum 的《意大利文艺复兴早期的建筑和装饰雕塑》[*Baukunst und dekorative Plastik der Frührenaissance in Italien*]（1920）和 C. Ricci 的《意大利 16 世纪建筑》[*L'architettura del Cinquecento in Italia*]（1928）。

《世界艺术百科全书》[*Encyclopedia of World Art*]（15 卷，1959—1969）中有很多文献类和概述性的文章，质量和长短各异，但都列有详细的参考文献。关于传记细节，新版《麦克米伦建筑师百科全书》[*Macmillan Encyclopedia of Architects*]（四卷，纽约，1982）有最新的信息，也有参考文献。

以下是一些关于建筑师个人的专著和关于更综合的主题的重要书籍，并不全是英文的。

阿尔伯蒂：J. Gadol(1969)，F. Borsi(1977)。伯拉孟特：A. Bruschi(1977)，基于篇幅更大的意大利语论著（巴里和罗马，1969）。伯鲁乃列斯基：E. battisi（1981）和 H. Saalman（1980），后者主要关于佛罗伦萨圣母百花大教堂的穹顶，是一本即将出版的专著的一部分。朱利欧·罗马诺：F. Hartt（1958），E. Verheyen《得特宫》[*The Palazzo del Tè*]（1977）。列奥纳多·达·芬奇：J. P. Richter 的《列奥纳多·达·芬奇的文学作品》[*The Literary Works of Leonardo da Vinci*](1970)是关于他的建筑手稿的，C. Pedretti的《1500年后列奥纳多·达·芬奇建筑研究发展史》[*A Chronology of Leonardo da Vinci's Architectural Studies after 1500*]（1962）。米开朗基罗：J. Ackerman（1961 及简装修订版 1970）。帕拉迪奥：J. Ackerman（1966），L. Puppi（1975）和 H. Burns 等的《帕拉迪奥展目录册》[*Catalogue of the Palladio Exhibition*]（伦敦，1975）。帕拉迪奥作品全集（目前为 9 卷）于 1968 年开始编制（英文版由宾夕法尼亚州立大学出版）。O. Bertotti-Scamozzi 的《安德烈亚·帕拉迪奥的建筑和设计》[*Fabbriche… di Palladio*]（1796）已重印，内含 J. Q. Hughes 的引言（1968）。圣米凯利：E. Langenskiöld（乌普萨拉，1938，为英文版）。圣索维诺：D. Howard（1975）。

虽然不是英语的，但以下关于罗马和佛罗伦萨的大篇幅著作值得一提：W. 和 E. Paatz 的《佛罗伦萨的教堂》[*Die Kirchen von Florenz*]，六卷版，1940—1954 年；W. Buchowiecki 的《罗马教堂手册》[*Handbuch der Kirchen Roms*]，三卷版，1967—1974 年；以及 C. Galassi-Paluzzi 编辑的《罗马基督教》[*Roma Cristiana*]系列，特别是 V. Golzio 和 G. Zander 的第四卷《11 至 16 世纪罗马的教堂》

[*Le Chiese di Roma dall' XI al XVI Secolo*]（1963）。

致 谢

　　本书的撰写承蒙多人的恩惠，我希望能在此表达谢意，以回报他们所给予我的帮助。首先，要感谢 Margaret Whinney 博士和 Anthony Blunt 爵士，我所掌握的绝大部分的知识是他们教授的。然后要感谢考陶德艺术学院摄影系，特别是 Peter Kidson 博士和 Ursula Pariser 女士，他们总是非常热心，经常在很紧急的情况下帮我制作图片。我也要感谢 John Gage 先生和 Leslie Parris 女士，他们给予了我多方面的帮助。还要感谢 Samuel Carr 先生，通过精巧的编辑提升了手稿的水平，当然这份手稿如果没有 E. T. Walton 女士不可或缺和持续不断的帮助，是不可能写成的。

　　此外，我还要感谢 James Ackerman 教授、W. Paatz 教授、英国皇家建筑师学会图书馆和 Rudolf Wittkower 教授允许我使用他们的材料。

插图列表

室内。摄影：Anderson

27 里米尼，圣方济各教堂（马拉泰斯塔教堂）
外部。1446年及之后。摄影：Alinari

28 佛罗伦萨，新圣母大殿
立面。1458—1470年。摄影：A. F. Kersting

29 曼托瓦，圣塞巴斯蒂亚诺教堂
Wittkower教授的立面重构。图片来源：R. Wittkower，Architectural Principles in the Age of Humanism，Alec Tiranti Limited，伦敦

30 曼托瓦，圣塞巴斯蒂亚诺教堂
平面，于1460年开始建造。图片来源：R. Wittkower，Architectural Principles in the Age of Humanism，Alec Tiranti Limited，伦敦

31 曼托瓦，圣安德烈亚教堂
外部。摄影：Giovetti

32 曼托瓦，圣安德烈亚教堂
平面。于1470年设计，1472年开始建造。图片来源：W. Anderson和J. Stratton，The Architecture of the Renaissance in Italy

33 曼托瓦，圣安德烈亚教堂
室内。摄影：Giovetti

34 佛罗伦萨，达万扎蒂宫
室外。14世纪晚期。摄影：Alinari

35 佛罗伦萨，美第奇宫
版画。于1444年开始建造。图片来源：Giuseppe Zocchi，Scelta di XXIV vedute delle principali contrade, piazza, chiese e palazzo della città di Firenze, 1744

36 佛罗伦萨，美第奇宫
平面。于1444年开始建造。图片来源：C. von Stegmann和H. von Geymüller，The Architecture of the Renaissance in Tuscany

37 佛罗伦萨，美第奇宫
庭院。摄影：Alinari

38 佛罗伦萨，鲁切拉宫
外部。于1446年开始建造。摄影：Giusti

39 佛罗伦萨，皮蒂宫
版画。于1458年开始建造。图片来源：考陶德艺术学院。制作来源：Giuseppe Zocchi，Scelta di XXIV vedute delle principali contrade, piazza, chiese e palazzo della città di Firenze, 1744

40 佛罗伦萨，巴齐-夸拉泰西府邸
外部。1462/1470年。摄影：Alinari

41 佛罗伦萨，贡迪府邸
外部。约1490—1498年。摄影：Alinari

42 佛罗伦萨，斯特罗齐宫
外部。1489—1536年。摄影：Mansell-Alinari

43 皮恩扎，庇护二世重建
于1458年开始建造。图片来源：F. A. Gragg和L. C. Gabel，Memoirs of a Renaissance Pope，G. P. Putnam's Sons，纽约

44 罗马，威尼斯宫
庭院。1467/1471年。摄影：Alinari

45 罗马，文书院宫
庭院。1486—1496年。摄影：Georgina Masson

46 罗马，文书院宫
版画。P. Ferrerio，Palazzi di Roma

47 乌尔比诺，公爵宫
外部。摄影：Alinari

48 乌尔比诺，公爵宫
平面。15世纪60年代。图片来源：P. Rotondi，Il Palazzo Ducale di Urbino，L'Istituto Statale d'Arte，乌尔比诺

49 乌尔比诺，公爵宫
庭院。1465—1479年。摄影：James Austin

50 乌尔比诺，公爵宫
从天使大厅［Sala degli Angeli］通往宝座大厅［Sala del Trono］的门廊。摄影：Georgina Masson

51 威尼斯，总督府
外部。14和15世纪。摄影：Edwin Smith

52 威尼斯，黄金宫
外部。1427/1436年。摄影：Edwin Smith

53 威尼斯，斯皮内利角宫
外部。约1480年开始建造。摄影：Alinari

54 威尼斯，温德拉敏宫
外部。约1500—1509年。摄影：Georgina Masson

55 威尼斯，伊索拉的圣米凯莱教堂
外部。1469—约1479年。摄影：Alinari

56 威尼斯，圣救主堂

85 蒙特普齐亚诺，圣比亚乔圣母教堂
平面和剖面。1518—1545 年。图片来源：W. Anderson 和 J. Stratton，The Architecture of the Renaissance in Italy

86 蒙特普齐亚诺，圣比亚乔圣母教堂
室内。摄影：Linda Murray

87 蒙特普齐亚诺，圣比亚乔圣母教堂
室外。摄影：Linda Murray

88 罗马，圣彼得大教堂
伯拉孟特的穹顶。图片来源：塞利奥，《建筑》

89 罗马，圣彼得大教堂
伯拉孟特的第一个平面。图片来源：W. Anderson 和 J. Stratton，The Architecture of the Renaissance in Italy

90 罗马，圣彼得大教堂
小安东尼奥·达·桑加罗的模型。罗马，佩特里亚诺博物馆。摄影：Mansell-Anderson

91 罗马，圣彼得大教堂
米开朗基罗的平面。E. 杜佩拉克绘制的版画

92 罗马，圣彼得大教堂
外部。E. 杜佩拉克绘制的版画

93 罗马，圣彼得大教堂
建成平面。图片来源：W. Anderson 和 J. Stratton，The Architecture of the Renaissance in Italy

94 罗马，圣埃洛伊教堂穹顶
内部。摄影：Linda Murray

95 罗马，维多尼-卡法雷利宫
外部。版画。图片来源：P. Ferrerio，Palazzi di Roma

96 罗马，勃兰康尼·德尔阿奎拉宫。约 1520 年
版画。图片来源：P. Ferrerio，Palazzi di Roma

97 罗马，斯帕达宫
外部。16 世纪中叶。摄影：Georgina Masson

98 佛罗伦萨，潘道菲尼府邸
外部。16 世纪初。摄影：Alinari

99 罗马，玛达玛别墅
外部。约 1516 年开始建造。摄影：Anderson

100 罗马，玛达玛别墅
外拱廊。摄影：Georgina Masson

101 罗马，玛达玛别墅
平面。图片来源：W. E. Greenwood，The Villa Madama，Rome，Alec Tiranti Limited

102 曼托瓦，得特宫
平面。约 1526—1534 年。图片来源：G. Paccagnini，Il Palazzo Tè, Cassa di Risparmio，曼托瓦

103 曼托瓦，得特宫
外部。摄影：Anderson

104 曼托瓦，得特宫
边门。摄影：P. J. Murray

105 曼托瓦，得特宫
庭院。摄影：Edwin Smith

106 曼托瓦，得特宫花园
立面。摄影：Edwin Smith

107 曼托瓦，得特宫
门廊。摄影：Edwin Smith

108 曼托瓦，贡萨加宫
展览庭院。摄影：Georgina Masson

109 曼托瓦，朱利欧·罗马诺住宅
外部。16 世纪 40 年代。摄影：Alinari

110 罗马，法尔内塞纳别墅。1509—1511 年
外部。版画。图片来源：P. Ferrerio，Palazzi di Roma

111 罗马，法尔内塞纳别墅
平面。图片来源：P. Letarouilly，Edifices de Rome Moderne

112 罗马，法尔内塞纳别墅
透视厅。摄影：Gabinetto Fotografico Nazionale

113 罗马，马西莫圆柱府邸
平面。1532/1535 年开始建造。图片来源：P. Letarouilly，Edifices de Rome Moderne

114 罗马，马西莫圆柱府邸
外部。摄影：Anderson

115 罗马，马西莫圆柱府邸
庭院。摄影：Anderson

116 罗马，法尔内塞宫
平面。1513 年开始建造，1534—1546 年扩建。图片来源：P. Letarouilly，Edifices de Rome Moderne

索　引